Charles Foster

Der Ruf des Sommers

Das erstaunliche Leben der Mauersegler

Mit Illustrationen von Jonathan Pomroy

Aus dem Englischen von Gerlinde Schermer-Rauwolf und Robert A. Weiß, Kollektiv Druck-Reif

MALIK

Mehr über unsere Autorinnen, Autoren und Bücher:
www.malik.de

Wenn Ihnen dieses Buch gefallen hat, schreiben Sie uns unter Nennung des Titels »Der Ruf des Sommers« an *empfehlungen@piper.de*, und wir empfehlen Ihnen gerne vergleichbare Bücher.

Von Charles Foster liegen im Malik Verlag vor:
Der Geschmack von Laub und Erde
Jagen, sammeln, sesshaft werden

Unser Versprechen für mehr Nachhaltigkeit
• Klimaneutrales Produkt
• FSC®-zertifiziertes Papier
• Hergestellt in Deutschland

FSC www.fsc.org
MIX
Papier | Fördert gute Waldnutzung
FSC® C014496

2. Auflage 2023
ISBN 978-3-89029-576-3

Titel der englischen Originalausgabe: »The Screaming Sky«
bei Little Toller Books, Dorset 2021

Redaktion: Antje Steinhäuser, München
Satz: Eberl & Koesel Studio, Kempten
Gesetzt aus der Adobe Garamond Pro
Litho: Lorenz & Zeller, Inning am Ammersee
Druck und Bindung: GGP Media GmbH, Pößneck
Printed in Germany

Für Jonny, der eigentlich ein Fuchs ist,
sich aber ein Buch gewünscht hat
und der *immer* nach oben schaut.

Da wir gemeinsame Vorfahren haben und viele sensorische Modalitäten mit Vögeln teilen, ist es nicht unmöglich, dass wir auch eine gemeinsame Emotionalität teilen.

Tim Birkhead, *Die Sinne der Vögel*[1]

[Ich] verstehe […], wie weit alle Namen hinter dem Leuchten der Dinge zurückbleiben.

Andrew Harvey, *Ins Innerste des Mandala*[2]

Inhalt

July 17th swifts approaching

Vorbemerkung des Autors

Dies ist die Geschichte einer Obsession.

Wahrscheinlich gibt es Schlimmeres, als von Mauerseglern besessen zu sein, aber zweifellos auch Besseres.

Da es um die Geschichte einer Obsession geht, die von dem Betroffenen selbst geschrieben wurde, ist zwangsläufig auch einiges von mir eingeflossen und nimmt Raum ein, den man für mehr Informationen über Mauersegler hätte nutzen können.

Man schätzt, dass es etwa 18 000 Vogelarten auf unserem Planeten gibt.[3] Wie lässt sich da ein ganzes Buch nur über eine einzige rechtfertigen?

Was sicherlich einer Rechtfertigung bedarf, ist die Tatsache, dass es über die meisten anderen Vogelarten *keine* Bücher gibt. Jede Spezies auf Erden hat unendlich viele Bücher verdient. Denn jede ist unendlich komplex und wunderbar, und das Leben jeder einzelnen ist eng verwoben mit dem aller anderen.

Daher glaube ich nicht, mich dafür entschuldigen zu müssen, dass ich dieses Buch geschrieben habe. Aber vielleicht sollte ich erwähnen, dass einer der Gründe für meine Obsession darin liegt, dass ich über die Mauersegler Zugang zu Orten gefunden habe, die offensichtlich mehr mit menschlichem Streben und Erfolg zu tun haben als ein unter den Dachvorsprung genagelter Nistkasten. Vieles von dem wenigen, was ich darüber weiß, wie man ein guter Vater, Freund und Mensch ist, haben mich die Mauersegler gelehrt. Das erscheint auf den ersten Blick sonderbar. Diesem Sonderbaren werde ich in diesem Buch nachgehen. Und ich nutze die Sonne, die zwischen den Flügeln eines herabschießenden Mauerseglers hindurchscheint, um Licht auf einige allgemeine Fragen zu unserem Dasein in der Welt zu werfen.

Es erscheint mir notwendig zu erwähnen, dass wir meiner Auffassung nach nur über das Besondere zum Allgemeinen gelangen können. Dass wir als kleine, eigenständige, orts- und körpergebundene Tiere unsere Suche nach übergeordneten Prinzipien auf kleine, eigenständige, orts- und körpergebundene Weise beginnen müssen. Ich bin davon überzeugt, dass die beste Reiseliteratur von Menschen geschrieben wird, die einen bestimmten Ort wirklich gut kennen; dass die besten Bücher über Liebesbeziehungen nicht von Leuten stammen, die jeden Morgen in einem anderen Bett aufwachen, sondern die lang und hart an einer einzigen Beziehung gearbeitet haben; dass wirklich beeindruckende polyglotte Menschen eine Sprache ganz besonders gut beherrschen.

Das ist kein wissenschaftliches Buch, doch habe ich mich bemüht, die wissenschaftlichen Sachverhalte richtig darzustellen. Will man die in Schaubildern, Tabellen und Gleichungen enthaltene Poesie vermitteln, kommt man nicht weit, wenn man die zugehörigen Artikel nicht richtig versteht. In der Biologie der Mauersegler gibt es immer noch eine Vielzahl faszinierender Ungewissheiten. Mögen sie lange fortbestehen – wovon ich ausgehe.

Gelegentlich kommen Zahlen und Berechnungen vor. Wenn Sie mit solchen Dingen nichts anfangen können, überspringen Sie die Passagen einfach.

Bei Monografien über Tiere ist es üblich, sie in Kapitel über Fortpflanzung, Nahrungserwerb, Wanderungen, Feinde und so weiter zu unterteilen. Der Sinn dahinter leuchtet mir durchaus ein, aber ich habe kein gutes Gefühl dabei. Denn das sind menschliche Kategorien. Ein Tier in solche Schubladen zu pressen ist eine Form von Kolonialismus. Jedes Tier hat sein Leben, das konstant durch Raum und Zeit fließt und das in jedem Augenblick von all den Kräften, die diese Kategorien repräsentieren, beeinflusst wird. Die am wenigsten unbefriedigende Methode, diese Kontinuität widerzuspiegeln, schien es mir, die Mauersegler im Jahresverlauf zu betrachten. Denn der Mauersegler verbringt den Januar auf eine Weise, in der es nicht um schlichtes Fortpflanzen, Wandern oder Sterben geht.

Außerdem war es mir wichtig, das Buch nicht im europäischen Sommer beginnen zu lassen, also der Zeit, in der die meisten von uns Begegnungen mit Mauerseglern haben. Die Brutsaison macht gerade einmal drei Monate des Jahres aus, und damit anzufangen würde den Eindruck erwecken, als wären sie europäische Vögel – *unsere* Vögel. Auch das wäre Kolonialismus.

Da ich den Text nicht mit ellenlangen Verweisen auf die von mir herangezogene wissenschaftliche Literatur verunstalten wollte, finden sie sich als Endnoten am Ende des Buchs. Diese Endnoten nennen die maßgeblichen Quellen für einige der wichtigsten Thesen und Argumente – diejenigen, die mir als besonders kontrovers erschienen, und die, von denen ich annehme, dass die Leserinnen und Leser möglicherweise mehr darüber erfahren möchten.

In der Vogelfamilie der Segler (*Apodidae*) gibt es 112 Arten innerhalb von 18 Gattungen. Dazu kommen noch vier Spezies von Baumseglern mit eigener Familie und Gattung. Dieses Buch befasst sich allerdings nur mit dem Mauersegler (*Apus apus*), der fast überall in Europa und in weiten Teilen Asiens allen vertraut ist, die im Sommer in den Himmel schauen, und allen in Schwarzafrika, die zwischen September und April ihren Blick nach oben richten.

Das Wort »Himmel« taucht hier viel zu oft auf, aber da die Mauersegler dort nun einmal zu Hause sind, ließ sich das nicht vermeiden.

Zeiten, Orte und Personen habe ich manchmal abgeändert. Den ehemaligen Freund werden Sie in Oxford vergeblich suchen.

C. F.
Oxford, 2021

8th May 22°C 5pm swift pair in nest box

Januar

Für sie ist immer Sommer.

Sie schwirren jetzt über meinem Kopf. Einer dreht an meinem rechten Ohr ab, indem er einen schwarzen Flügel schräg stellt, und schnappt nach einer Fliege, die heute Nachmittag aus Löwenkot geschlüpft ist. Immer nach *einer* Fliege – nicht nach mehreren. Sie fliegen nicht mit offenem Schnabel, um einzusammeln, was sie kriegen können, sie suchen sich ihre Beute gezielt aus. Sie töten Individuen. Die Vögel machen Millionen intensiver Erfahrungen mit dem Besonderen. Jede neue Erfahrung jagt der vorigen hinterher, so wie Mauersegler im brausenden Himmelsstrom des Lebens Fliegen nachjagen.

Wenn das Insekt über den hinteren Teil der harten dreieckigen Zunge gleitet, wo die Geschmacksknospen durch die Speichelkanäle feucht gehalten werden, hat der Vogel den Geschmack von Löwenmoschus im Rachen. Fliegen verwandeln sich erst dann von Individuen in Brei, wenn sie im Kehlsack zusammengequetscht werden, und da diese Mauersegler in Afrika keine Jungen zu füttern haben, sind ihre Kehlsäcke zurzeit leer, und jede Fliege wandert direkt nach unten.

Mein Wanst hingegen ist selten leer. Hier in Afrika wölbt er sich unter dem klebrigen Kakihemd, er ist gerade prall gefüllt mit Süßkartoffeln und Schlangenfleisch, hinuntergespült mit spritzigem Laurentina-Bier, das dem Heimweh seine Schärfe nimmt.

Ich kann mich nicht erinnern, wann ich zuletzt etwas *Besonderes* und *Konkretes* erlebt habe. Für mich ist alles allgemein und abstrakt. Meine Welt besteht aus Wörtern und meinen eigenen armseligen Gedanken. Diese Vögel fliegen durch den Himmel, nicht durch ihre Vorstellung davon. Sie fressen Fliegen, keine Adjektivansammlung, die Fliegen beschreibt. Sie haben keine Wörter, die sie trennen von der Sonne, die heute Morgen bei Madagaskar aufgegangen ist, von den Affen, die sich gegenseitig am Strand lausen, von den Krebsen, die unter den Mangroven Schutz vor den Reihern suchen, von den Trampeltieren in Cargohosen, die hinter mir durchs Mahagonigehölz poltern.

Seit drei Stunden sitze ich nun hier und blicke aufs Meer hinaus, durch den dichten, stickigen Dunst voller zappelnder metallischer Insektenbeine. Ich habe Hand und Arm bewegt, um das Bier an die Lippen zu heben und mir den Hut über die Augen zu ziehen, meine Stiefel haben Furchen in die rote Erde unter dem Tisch gegraben, und meine Blutzellen haben bestimmt etliche Kilometer zurückgelegt, als sie sich durch die Adern zwängten, um Sauerstoff zu meinen Zellen zu befördern und die Malariaparasiten zu umfließen.

In dieser Zeit könnte der Mauersegler neben meinem Ohr ohne Weiteres 100 oder 200 Kilometer übers Buschland geflogen sein. Er hat vielleicht 1000 Insekten erbeutet, ist über ein Frachtschiff aus Panama geschwirrt, das vor somalischen Piraten geflohen ist, hat Hyänen gesehen, die einer kranken Giraffe nachstellten, und wegen der nördlich von Maputo in die Luft geblasenen Abgase gehustet, hat sich mit seinem Partner oder seiner Partnerin, den oder die er zuletzt unter der Dachtraufe eines Reihenhauses in Oxford gesehen hat, glücklich wiedervereint, ist dem Schuss eines gelangweilten Dorfbewohners ausgewichen, hat einen Falken zum Narren gehalten, der einen absurden Moment lang glaubte, er könnte sich den Mauersegler schnappen und seine Leber fressen, und er hat *gespielt* – denn nicht immer geht es um die Algorithmen des Überlebens.

Das ist eine Menge Leben für drei Stunden. Der Mauersegler könnte 21 Jahre alt sein. Angesichts eines 21 Jahre langen Lebens wie diesem schäme ich mich meiner selbst. Es kommt mir vor, als vergliche man eine Symphonie mit einem Rülpser weißen Rauschens.

Eine weitere Flasche Laurentina planscht mit der Schlange herum, und die pulsierende Hitze ist so drückend, dass es mir vorkommt, als läge ich mit dem Gesicht auf meinen feuchten Oberschenkeln. Ich atme mit tiefen Lungenzügen Mücken ein, ein paar davon bleiben an meinen Zähnen hängen, und ich spüle sie mit Bier hinunter. Da ruft die Frau, die wie eine Galeone in gefleckter gelber Baumwolle auf mich zusegelt und dabei das Bier auf ihrem Vordeck transportiert: »Er kommt bald, Schätzchen.«

Sie hatte recht. Er kam aus Nordwest. Hoch aufgestiegen über den dunklen Wäldern der Demokratischen Republik Kongo, hatte er Käfer und Spinnen mit sich gerissen, war finster grollend über Malawi hinweggezogen und hatte seine Schleusen geöffnet, als er die Grenze zu Mosambik überquerte.

Dass der Zyklon kommen würde, wussten die Mauersegler schon seit Stunden, denn sie waren an diesem Morgen dank früher Thermik hoch gekreist und hatten gesehen, wie er sich zusammenbraute. Und sie hatten das Pochen seines Herzens als Beben in ihrer eigenen kleinen Brust gespürt. Infraschall können sie über einen halben Kontinent hinweg wahrnehmen. Sie wissen, wie aneinanderreibende tektonische Platten, trauernde Elefanten und grummelnde Berge klingen.

Am Rand des Wirbelsturms sausen sie herum und tun sich an haltlosen Spinnen gütlich, die versucht haben, ihre seidenen Fäden um Regentropfen zu schlingen, die mit der Geschwindigkeit eines Expresszugs an ihnen vorbeirauschen. Dabei achten die Mauersegler darauf, nicht selbst in das brodelnde Zentrum hineingesaugt zu werden: Es würde ihnen die Flügel abreißen, die Federn ausrupfen und sie irgendwo in der Nähe von Mauritius ins Meer speien.

An einen Türpfosten gelehnt, betrachte ich die vom Strohdach prasselnden Regenschnüre, schwer und dicht wie die Perlenvorhänge in chinesischen Restaurants. Der Sturm richtet seine Gewalt wieder gegen das Meer. Dort wird er mit den von Südosten heranziehenden Passatwinden zusammenstoßen, man wird miteinander verhandeln, und eine Zeit lang wird warmer Regen aufs Meer fallen, und die Lemuren in Madagaskar werden in den Pfützen tanzen.

Mauersegler sind keine ausgesprochenen Frühaufsteher. Ihren Tag vor den Insekten zu beginnen wäre für sie sinnlos. Aber am nächsten Morgen sind sie lange vor mir munter, und bis ich augenreibend auf die Veranda stolpere, haben sie sich schon vollgefressen. Dennoch töten sie immer weiter, ein Beutetier nach dem anderen verschwindet in ihrem Schlund. Denn Afrika ist trotz seiner Freigebigkeit launisch, und man kann sich nicht darauf verlassen, immer Nachschub zu bekommen.

Jetzt jagen sie tief, nie mehr als 100 Meter über dem Boden, und wildern im Revier der Schwalben, die normalerweise unter ihnen auf Nahrungssuche sind. Wegen des Regens wimmelt es von Insekten in der Luft, und die Sonne brennt noch nicht heiß genug, um sie über die Baumwipfel und darüber hinauszutragen, wo ihnen die Schwalben nicht in die Quere kommen.

Mauersegler sind zu überdreht, um auf diese Art zu jagen. Will man enge Kurven fliegen und abrupt abtauchen und zuschnappen, braucht man kürzere Flügel und einen kunstflugtauglichen Schwanz. Schwalben verstehen sich darauf, sie lavieren zwischen Unterhosen auf der Wäscheleine, fädeln sich durch die Fenster eines pleitegegangenen Bordells, berühren im Tiefflug beinahe mit den Flügelspitzen das Gras, hocken auf Telefondrähten, um sich miteinander auszutauschen, zu verdauen und zu verschnaufen. Sie sind Landlebewesen, die fliegen können. Anders die Mauersegler: Sie sind in der Luft so sehr zu Hause wie Fische im Meer. Sie hocken sich nicht hin, um zu verschnaufen. Mich erinnern sie an Haie, die ertrinken, wenn man sie daran hindert, immerzu weiterzuschwimmen, weil ihre Kiemenatmung eine ständige Wasserströmung benötigt. In gleicher Weise haben sich die Mauersegler voll und ganz der Luft und der Bewegung verschrieben.

Die Mauersegler, die ein paar Meter über meinem Kopf unter dem Dachvorsprung in Oxford brüten, könnten gut und gern vier Mal ins nördliche Mosambik und zurück nach Oxford geflogen sein, ohne irgendetwas Festeres als den Panzer eines fliegenden Käfers berührt zu haben. Erst wenn sie brüten, begeben sie sich vorübergehend, für drei Monate, in die derbe, ordinäre Welt des Festkörperlichen – die einzige, die wir kennen, abgesehen von unseren kurzen Schwelgereien im Wasser. Wenn sie niemanden finden, mit dem sie zusammen nisten können, lernen sie diese Welt womöglich überhaupt nicht kennen.

Ich darf den Fall nicht übertrieben darstellen. Zwar ist es romantisch und sehr in Mode zu behaupten, außerhalb der Brutzeit hätten Mauersegler niemals Bodenkontakt, aber manchmal haben sie ihn eben doch[4] – wenngleich nur etwa ein Prozent ihrer Zeit und dann eventuell auch nur bei sehr gefährlichen Wetterlagen. Bei migrierenden Jungvögeln kommt es vermutlich häufiger vor, dass sie irgendwo landen. Wer kann es ihnen verdenken?

Gestern nahm ich ein Boot zu einer Insel, die vor rostigen Kanonen starrte. Wir schlängelten uns zwischen Seekühen hindurch, wateten auf kristallenem Sand an Land, kletterten über die Reste einer Mauer, die ein umgefallener Baum zum Einsturz gebracht hatte, und wanderten in die alte Sklavenhändler-Zitadelle. Auf einer Rokoko-Veranda schaute ein Hund mit kahlem Schädel auf und ließ den Kopf wieder sinken. Ameisen hatten die Holzdübel zerfressen, mit denen das Kreuz an der Kirche befestigt gewesen war, sodass es blasphemisch kopfüber hing. In dem Baum vor der Kirche, als Schattenspender gepflanzt für die portugiesischen Damen, die sich gerade von ihren ehebrecherischen Sünden hatten lossprechen lassen, zwitscherten Webervögel.

Ein von Beulen übersäter sechsjähriger Junge bedeutete mir nachdrücklich, ihm in die Kirche zu folgen. Er nahm mich bei der Hand und führte mich in eine bröckelnde Gruft hinunter. Etliche der Gräber waren zerstört, und die Termiten hatten sich über die Särge hergemacht. Der Junge griff in ein Grab, zog einen menschlichen Oberschenkelknochen hervor und bot ihn mir an. Ich schüttelte den Kopf. Da fasste er noch einmal hinein und brachte einen Schädel zum Vorschein. Diesmal nahm ich ihn, denn es schien mir unhöflich, es nicht zu tun. Nicht einmal ein schwarz gewordenes Fitzelchen Hirn oder Muskel hing noch daran. Alle weicheren Bestandteile dieses Sklavenhändlers aus der Mitte des 19. Jahrhunderts hatten sich in Insekten und Ratten verwandelt und diese wiederum in Vögel. Manche dieser Vögel hatten es vielleicht sogar zurück nach Portugal geschafft, der Mann hier allerdings nicht.

Ich hielt den Schädel hoch. In den leeren Höhlen befanden sich einst Augen, die hin und her zuckend die Mauersegler beobachteten, wie sie kreischend um Lissabons Portiken und Schornsteinköpfe schwirrten. Auf einem Teil seiner Reise nach Afrika hatte der Mann wohl mehr oder weniger die gleiche Route genommen wie jene Mauersegler. Sein Schiff kroch an der Küste von Marokko, der Westsahara, Mauretanien und Senegal entlang. Vor Senegal umwehte ihn erstmals der Geruch des gedünsteten Grüns des tropischen Afrikas, dann machte das Schiff einen gemächlichen Schlenker nach Osten, in den Golf von Guinea hinein. Dort musste der Sklavenhändler an Land gehen, um Wasser zu besorgen. Nervös paddelte er in einem Auslegerkanu durch die Brandung und versuchte, nicht an die Schauergeschichten über Kreuzigungen und Kannibalismus zu denken.

Die Mauersegler flogen zwar über Land, um Nahrung zu finden, entfernten sich aber nie weit von der Küste, bis sie sich landeinwärts wandten, durch den Wald des Kongo, während der Sklavenhändler nach Süden weitersegelte, das Kap der Guten Hoffnung umrundete und den Mauerseglern in Mosambik wieder begegnete.

Wäre der Sklavenhändler nach Mosambik gefahren, um den Geistern Lissabons zu entfliehen, hätten ihn die Mauersegler daran erinnert, dass es kein Entrinnen gibt: dass die Welt eine Einheit ist. Falls er jemals im Sommer nach Lissabon zurückgekehrt war in der Hoffnung, all die Abscheulichkeiten zu vergessen, die er im Namen seiner Herren begangen hatte, dann waren da auch wieder die Mauersegler, die ihn nicht davonkommen ließen. Wenn wir Mauersegler genau betrachten, konfrontieren sie uns immer mit uns selbst, und das ist keine schöne Erfahrung.

Als ich gestern Abend schwitzend unter meinem Moskitonetz lag, stellte ich auf der Rückseite einer Speisekarte einige deprimierende Berechnungen an. Von Mosambik nach Oxford sind es – so schätzte ich mit zusehends schlechterer Laune – etwa 9000 Kilometer. Diese Strecke legen die Mauersegler zweimal pro Jahr zurück. Im Herbst brauchen sie dafür ungefähr 66 Tage: 30 Flugtage und 36 Tage für Zwischenstopps, bei denen sie eher beiläufig nach Nahrung suchen, so wie unsereiner an der Tankstelle eine Tüte Chips mitnimmt. Im Frühling haben sie es wesentlich eiliger. Dann benötigen sie nur 26 Tage:

21 Tage anstrengendes Kilometerfressen und fünf Tage Ruhe.[5] Ich billigte ihnen (vorsichtig geschätzt) 110 Flugkilometer pro Ruhetag zu und ging von 130 Kilometern pro Tag im Winter aus, sodass die Speisekartenrückseite wie folgt aussah:

Herbstzug:
9000 Kilometer + 36 Rasttage à 110 Kilometer = 12 960 Kilometer

Frühlingszug:
9000 Kilometer + 5 Rasttage à 110 Kilometer = 9550 Kilometer

Rest des Jahres:
273 Tage à 130 Kilometer = 35 490 Kilometer

Gesamtflugleistung pro Jahr:
58 000 Kilometer

Man weiß, dass Mauersegler bis zu 21 Jahre alt werden können:
21 Jahre à 58 000 Kilometer = 1 218 000 Kilometer

Das sind fast 3,2 Reisen zum Mond[6] oder 1/123 der Entfernung zur Sonne[7].

Die Mauersegler sind im wahrsten Sinn des Wortes astronomische Vögel (was ich allerdings nicht auf die Speisekarte schrieb).

Und dann verglich ich mich damit.

Wenn ich an jedem Tag des Jahres respektable 30 Kilometer zu Fuß zurücklegen würde, bräuchte ich mehr als fünf Jahre für die Strecke, die die Mauersegler in einem Jahr schaffen. Um an die Gesamtkilometerleistung heranzukommen, auf die jener 21 Jahre alte Mauersegler am Ende seines Lebens zurückblicken kann, müsste ich vom Tag meiner Geburt an jeden Tag 30 Kilometer laufen, und dies 111 Jahre lang. (Mauerseglerjunge beginnen schon kurz nachdem sie geschlüpft sind, enorme Flugstrecken zurückzulegen.)

Ich schneide hier nicht gut ab.

Nun zähle ich die Spezies zusammen, deren Körper, Stängel, Blüten, Wurzeln oder Samen ich diese Woche gegessen habe. Es war eine Woche mit vielfältiger Kost, dennoch komme ich auf nicht mehr als zwei Arten Säugetiere, eine Reptilienart und zwei Vogelarten, drei Sorten Knollenfrüchte, zwei Nussarten, eine modifizierte Blütenart und zwei modifizierte Grasarten. Das macht insgesamt 13 Spezies. Im Lauf eines Jahres gibt es vielleicht noch den einen oder anderen Gastauftritt auf meinem Teller, sodass sich die Gesamtzahl auf 20 erhöhen könnte. Aber nur drei Arten – Reis, Mais und Weizen – sind das Grundnahrungsmittel für drei Viertel der heutigen Menschheit.[8]

Die Mauersegler jagen etwa 500 verschiedene Spezies.[9] Und sie suchen sich ihre Beute sehr gezielt aus: Nicht selektive Ansaugfallen enthalten einen weitaus höheren Anteil an Fliegen, als er für die Kost der Mauersegler in dem jeweiligen Gebiet typisch zu sein scheint. Dass sie bei ihrer Ernährung so mäkelig sind, könnte bedeuten, dass sie 500 verschiedene Spezies *unterscheiden* können. Sie identifizieren nicht nur die schmackhaften Arten und meiden diejenigen mit Warnfärbung. Wenn sie Bienen jagen, wählen sie die stachellosen Drohnen aus, obwohl sie gelb-schwarz gestreift sind, und verschmähen die stachelbewehrten Weibchen. Zudem unterscheiden sie die Spezies nicht so, wie wir es tun, wenn wir sie, auf einer Korkwand aufgespießt, durch eine Lupe betrachten oder von einem beheizten Ansitz aus in aller Ruhe mit dem Fernglas beobachten. Vielmehr stürzen sie auf sie zu, vielleicht 80 Stundenkilometer schnell und mit Wind, der ihnen entgegenschlägt. Wie viele Vogelarten kann ein ausgewiesener ornithologischer Experte bei einem flüchtigen Blick zuverlässig bestimmen, allein durch diesen kurzen Eindruck, durch Intuition, die den Verstand umgeht und auf Erfahrung gründet? Vielleicht 100?

Nur wenig von dem, was ich esse, habe ich selbst getötet oder selbst angebaut. Das delegiere ich an andere. Ich lasse töten, und im Gegensatz zu den Mauerseglern töte ich, obwohl es nicht notwendig ist. Ich fühle mich gut und halte mich für engagiert, wenn ich selbst gemachtes Brot backe und dafür Weizen aus Kanada verwende, Hefe aus einer schottischen Fabrik, Wasser, das aufbereitet und durch Rohre aus papuanischem Kupfer zu mir gepumpt worden ist, und Energie, die aus einem mesozoischen Sumpf irgendwo unterhalb von Arabien stammt. Üblicherweise sitze ich bei der Nahrungsaufnahme an einem Tisch und schaue auf dieselbe Wand wie vor zehn Jahren. Ein Fünftel aller Mahlzeiten in den USA werden im Auto verzehrt.[10] Die Mauersegler hingegen nehmen, sobald sie flügge sind, alle ihre Mahlzeiten im Himmel zu sich – in einem Himmel, den sie für sich erkoren haben, in dem sie noch nie waren und in dem sie nie wieder sein werden (denn der Himmel ist, wie Flüsse, etwas beständig Fließendes).

Sie baden, indem sie durch eine Wolke tauchen oder die Flügel im Regen schütteln, der gerade aus der Wolke gefallen ist. Ich bade, indem ich einen Wasserhahn aufdrehe und mich in eine Wanne mit verdünntem Chlor und weiblichen Fortpflanzungshormonen lege. Sie kühlen sich ab, indem sie beim Fliegen den Schnabel öffnen, um die Verdunstung zu erhöhen, und die nackten, schuppigen Beine unter dem Körper baumeln lassen. Ich kühle mich ab, indem ich einen Schalter anknipse und den Kühlschrank plündere. Sich selbst zu achten fällt schwer, wenn man den Blick auf Mauersegler richtet.

In der spärlichen nicht wissenschaftlichen Literatur über Mauersegler werden vielerlei Themen angesprochen. Eines davon ist das *Streben*. Wir wollen wie sie sein, sagen die Strebenden; wir *sollen* wie sie sein. Wenn wir unsere theologischen Karten richtig ausspielen, *werden* wir eines Tages auch wie sie sein. Folgen wir ihnen, können wir den Dreck abwaschen, der uns besudelt. Diese Vögel sind buchstäblich ätherisch, und unsere Seelen, die ebenfalls ätherisch sind, möchten lieber mit den Mauerseglern spielen als mit X-Boxes, mittleren Führungskräften und soziopathischen Herrschern.

> … [W]enn der Abend sachte scheint,
> Und das Licht sich dünnt,
> Wenn der Mond sich stille schiebt
> In der Ferne Wind …

Das schrieb Wilfred Owen, einer dieser Strebenden.[11]

Ach, wär' ich von allen Vögeln dann ein Mauersegler!
Mit Elfen fliegend durch den Äther huschen …
Unermüdlich wie dein Geist ersehnte ich zu sein
Und ausdauernd, so froh und ungestüm.

Janet Andrews erkrankte als junge Frau an multipler Sklerose. Als sie 60 war, konnte sie nur noch einen Arm und eine Hand etwas bewegen. Um aufzustehen, brauchte sie Pfleger und eine mechanische Hebevorrichtung. Doch ihre geliebten Mauersegler bewegten sich für sie. »Die Mauersegler sind zurück«, schrieb sie. »Mit ausgestreckten Sichelflügeln mähen sie durch die Luft, durchqueren den Himmel, blind gegenüber uns, den Erdgebundenen so tief unten. Sie bringen den Sommer mit. Ich spüre ihre Energie. Ich staune über die ihnen innewohnenden Fähigkeiten, über ihre Schönheit. Ach, könnte ich dort oben bei ihnen sein und auf unser gewöhnliches Leben herabblicken.«[12]

Ja, schon. Aber ich ärgere mich über den uninteressierten Blick aus diesen schwarzen Knopfaugen, die unverwandt auf mich herabstarren – immer von oben herab, aus blauen Höhen und mit moralischer Überlegenheit.

Wir können nicht mit Mauerseglern umgehen. Sie spielen nicht nach unseren Regeln. Dadurch werden sie für uns schrecklich wichtig. »Die Dinge, die sich nicht um uns kümmern, retten uns am Ende«, schrieb Andrew Harvey.[13] Dazu würde ich gern einiges anmerken, aber als Urprinzip ist es nicht schlecht. Wenn wir auf Geringschätzung, Grausamkeit, Unachtsamkeit und Ähnliches mit Staunen, Güte und Aufmerksamkeit reagieren, sind wir auf dem Weg zur Erlösung.

Normalerweise verhalten wir uns aber nicht so. Diejenigen Menschen, die die Vögel überhaupt beachten, fühlen sich meist von ihnen bedroht (zu Recht) und kompensieren ihre Angst damit, dass sie versuchen, sie zu domestizieren oder schlechtzumachen.

Die Domestizierer sind immer nette Leute. »Grüßen Sie meine Mauersegler von mir, ja?«, bat mich jemand, als er hörte, dass ich im Winter nach Afrika reisen würde. »Ich vermisse sie.« Daran hege ich keinerlei Zweifel. Der Mann hat Mauersegler-Nistkästen an sein Haus montiert und eine CD mit Mauersegler-Kreischen gekauft, um die Vögel zu seinen Nistkästen zu locken. Er besitzt ein ganzes Regalfach voller Bücher über Mauersegler und einen ausgestopften Mauersegler unter einer Glasglocke, und in seinem Flur hängen einige dieser steif wirkenden Lithografien aus dem 19. Jahrhundert, die Mauersegler in anatomisch unmöglichen Hockpositionen zeigen. Doch das sind keine Artefakte der Ehrerbietung, sondern der Kontrolle. Aslan war kein zahmer Löwe. Mauersegler sind keine zahmen Vögel. Wenn man sie zähmt, sind sie keine Mauersegler mehr, und wenn sie keine Mauersegler sind, können sie uns nicht helfen.

»Das sind nicht *Ihre* Mauersegler«, hätte ich ihn am liebsten angeschrien. »Nicht Ihre, nicht meine, niemandes. Sie gehören sich selbst, was nur sehr wenige Menschen von sich behaupten können.«

Das hätte ihn gekränkt und empört. Er freut sich, wenn die Mauersegler zu seinen Nistkästen kommen. Dadurch schrumpft der Himmel, in den wir eines Tages alle zurückkehren werden und in dem die Mauersegler zu Hause sind, auf eine handliche Größe zusammen (genau genommen auf 35 x 20 x 180 Zentimeter, denn der Mauersegler-Liebhaber hat einen langen Dachüberstand). Wenn das die Ausmaße des Himmels sind, hat man im Leben und im Tod nichts zu befürchten und kann sich wahrlich einbilden, das Universum zu beherrschen. Mauersegler sind ungefährlich, wenn sie unter einer Glasglocke oder in einem Bilderrahmen eingesperrt sind, und noch ungefährlicher, wenn sie so steif und starr sind, wie sie es in den Händen jener viktorianischen Lithografen waren.

Bin ich zu ungnädig? Mag sein. Aber wild lebende Wesen einzusperren, und sei es auch nur in der Vorstellung, ist ein schweres Vergehen. Sie einzusperren und die wogenden Weiten des Himmels in Kästen zu portionieren, ist noch schlimmer. Und noch mal schlimmer ist es, die Wildnis für die eigene Selbstüberhöhung und Selbsttherapie zu missbrauchen. Es kommt einer Art Gatterjagd gleich.

Es gibt differenziertere und noch gefährlichere Zähmungsstrategien. Manche versuchen, Mauersegler mittels Sprache einzufangen. Das funktioniert nie: Mauersegler sind viel zu schnell, um sie mit Wörterfallen zu erwischen. Die Gefahr liegt in der Hybris, es überhaupt zu versuchen. »Und der Mauersegler schnellte durch den Atem eines Veilchens«, behauptete Ted Hughes.[14] Ich bin mir sehr sicher, dass das noch nie ein Mauersegler getan hat. Mauersegler spinnen »Lebensfäden/Wie ihr es seit Generationen tut«, schreibt Randle Manwaring.[15] »Bevorzugt alte Häuser und Türme/In Sant' Antonio und San Quirico.« Nein: Mauersegler spinnen keine Lebensfäden, wie wir es tun. Sie sind von vollkommen anderer Wesensart. Und sie *bevorzugen* nicht alte Häuser und Türme, sondern sie *beglücken* sie, indem sie sich dazu herablassen, dort zu wohnen. Seien wir doch nicht so gönnerhaft!

Laut Hugh David Loxdale[16] führen die Mauersegler …

> … [einen] immerwährenden Kampf,
> Um sich zu ernähren und fortzupflanzen
> Und wieder frei zu fliegen.
> Einen, der vielleicht niemals enden wird –
> Den Frühling vorausahnend kehren sie wieder
> Jahr für Jahr
> Bis weit in die undenkbare Zukunft hinein.
> Jenseits von menschlichem Streben und Bomben,
> Auf dass dieses frohe Schauspiel erhalten bleibe.
> Die Mauersegler, ganz bei der Jagd oder beim Spiel,
> Eine Gewissheit, ein Muss.
> Jeden Mai
> Und bis in den August …

Warum verlangt es Sie nach den Mauerseglern, Mr Loxdale? Um sich zu vergewissern, dass die Welt sich immer noch weiterdreht, damit Sie wie gewohnt weiterleben können?

Warum ergeht sich Hughes in seinen berühmten Frohlockungen über Mauersegler? Warum freut er sich, dass sie zurück sind? Weil es bedeutet, dass »der Erdball noch funktioniert, die Schöpfung/Noch immer erneuert erwacht, unser Sommer/Noch richtig kommen wird«[17]. Die Mauersegler wirken als Sedativ, als verhaltenstherapeutische Ratgeber. Sie sind für *ihn* da, nicht um ihrer selbst willen. Obgleich Hughes seine Spuren geschickt verwischt, gibt es doch ein untrügliches Indiz: die explizite Besitzanzeige in »*unser* Sommer«. Hinter all den atemlosen Eigenschaftszuschreibungen verbirgt sich das alte neolithische Mandat, das in der Schöpfungsgeschichte kodifiziert und später so fatal falsch ausgelegt wurde: Macht euch die Erde untertan. Für Hughes und seinesgleichen ist es immer noch gültig. Wären die Gedichte nicht so offensichtlich und erbärmlich misslungen, wären sie tödlich für die Dichter, ihre Leser und den Planeten. »Null von zehn«, kreischen die Mauersegler, während sie vorbeijagen, außerhalb unserer Sichtweite, Gedanken und Syntax, und diejenigen, die sie hören können, vor sich selbst erretten.

Da Mauersegler nicht eingesperrt werden können (weil es nun mal nicht geht), verlegen sich die Menschen, die sie im Fokus haben, auf andere Strategien. Die wichtigste ist die Verunglimpfung. Oft wird sie in Verbindung mit Domestizierungsversuchen angewandt – nicht selten sogar im selben Atemzug. Was sind die Mauersegler für Hughes, abgesehen von Therapeuten? Rowdys. Sie rauschen dahin »auf steiler/Kontrollierter kreischender Talfahrt«. Sie brechen als »Granatsplitter-Terror« in den Garten ein: »Glupschaugen, Rennfahrerbrillen, internationale Gangster … Im Auf und Ab des Todesrads«. Ihr Flug wird als »verrückte halsbrecherische Ausreißer-Ekstase« beschrieben und ein auf den Boden gefallener Jungvogel als »schnauzbärtiger Kobold-Wildling«[18].

Für Anne Collie ist ein Mauersegler »eine Flugmaschine mit bösem Blick/Funkelnd vor grimmigem Zorn«[19], und viele Autoren bedienen sich eines martialischen oder diabolischen Vokabulars. Die Flügel der Mauersegler sind Sichelklingen, die »den Sommerhimmel in Fetzen hauen«[20], »die stille Luft zerschneiden«[21], wenn die Mauersegler »kommen, um Tod auszuteilen«[22]. »Gewiss sind sie Satans Cherubim … vorüberzischend wie glühendes Schrapnell. Man sieht ihre dämonisch funkelnden kleinen Gesichter./Ihr Flügelschlag knallt peitschengleich/ Ihre Schreie zerreißen das Gewebe dieser Welt«[23], und wer könnte (oder wollte) »die schwarzen Tiefen ihrer Teufelsgedanken«[24] ausloten? Für W. H. Hudson sind sie zornbesessen, »gequälte Geschöpfe … wie jene armen verlorenen Wesen in Iblis' Hallen, in deren Herzen unersättliches Feuer loderte und die alle, die Hände an die Brust gepresst, in einem niemals endenden, qualvollen Tanz herumwirbelten«[25]. Sogar für den sanftmütigen John Clare ist der Mauersegler ein »kleiner Teufel, schwarz wie Kohle«[26].

Die Mauersegler pflügen durch diese Verleumdungen hindurch wie durch die Luft. Nichts von alldem bleibt an ihnen haften. Sie lassen nur die Verleumder bedrückt und stammelnd zurück. Da die Mauersegler schneller als Gedanke, Wort und Werk des Menschen sind, übersteigt ihre Größe unsere Vorstellungskraft. »Jede Realität ist bilderstürmerisch«, schrieb C. S. Lewis. »Die irdische Geliebte obsiegt sogar in diesem Leben stets über die reine Vorstellung, die du dir von ihr machst.«[27] Und Mauersegler sind tatsächlich sehr real, daher zerhacken sie (so, jetzt habe auch ich sie gewalttätig gemacht) unsere schäbigen erdgebundenen Vorstellungen von ihnen.

Den Mauerseglern zu folgen erweist sich als eine Schulung in Nichtwissen. Das ist eine uralte und wichtige, doch in Vergessenheit geratene Kunst. Allerdings macht sie es einem ziemlich schwer, ein Buch über Mauersegler zu schreiben, denn Bücher sollen ja von etwas handeln, sie sollen uns weiterbringen, unsere Leerstellen füllen, nicht unsere Unwissenheit vergrößern und zelebrieren und Aussagen über die Absurdität von Aussagen treffen.

Es gibt zwei Wege zum richtigen Nichtwissen. Der eine ist die Intuition. Diesen hat R. S. Thomas beschritten. Er blickte, mehr oder weniger unbeleckt von ornithologischem Fachwissen, nach oben und erkannte:

> Es gibt keine Lösung für das Problem,
> Das [Mauersegler] aufwerfen …
> Ich lerne nun,
> Mich mit nichts als Staunen in die Geometrie
> ihrer dunklen Flügel zu versenken.[28]

Und dann gibt es den Weg der pantoffelschlurfenden, kakaoschlürfenden, behaglichen Liebe und Vertrautheit, die uns letztendlich zum selben Ort führt wie die Mystiker. Hier hören wir den sanftmütigen Geistlichen Gilbert White aus dem 18. Jahrhundert, den Mann, der glaubte, dass Schwalben auf dem Grund von Teichen überwintern, und der als Erster den Unterschied zwischen dem Zilpzalp und dem Fitis erkannte. In seiner gestochen scharfen Handschrift schrieb er über die mysteriösen Mauersegler, die um den Turm seiner Kirche in Selborne sausten:

> Sieh den Mauersegler in raschem schwindeligem Kreis
> Mit Flügeln ungezähmt.
> Trügerischer Vogel! Sag, wo du dich verbirgst,
> Wenn Frost wütet und Unwetter toben;
> Woher du wiederkehrst, geleitet von so feinem Instinkt,

> Wenn der Frühling, der Milde, sein Blütenhaupt erhebt?
> Solcherart vereiteltes Forschen spottet des
> Menschen Neugier und Stolz,
> Der Gott der Natur leitet heimlich dich an![29]

Theoretisch ist das ein Ausdruck wissenschaftlicher Frustration. Seit Jahren quält sich der Mann mit den Rätseln um diese Migration ab. Wohin ziehen die Vögel? Warum tun sie das? Und wie stellen sie es an? Seine Suche endet im Nirgendwo. Und nirgendwo ist, wie die Mauersegler (die Bürger des Nirgendwo) uns lehren, der respektabelste Wohnort überhaupt. Der Mann hat nichts in Händen, und das ist der wertvollste Besitz überhaupt. Und nachdem sein Stolz und seine Neugier vom stürmischen abendlichen Kreischen um die Glockentürme regelrecht verspottet worden sind, landet er wieder bei R. S. Thomas' Staunen.

Das ist keine Niederlage, keine Resignation und auch nicht die Kapitulation des Rationalen vor den ungeformten Kräften der Unvernunft. Es ist Vernunft, die ganz rational anerkennt, wo ihre Grenzen liegen. Wir können den Mauerseglern Geschirre umbinden und lichtempfindliche Geolokatoren daran befestigen und ihre Bewegungen auf dem Bildschirm nachverfolgen, und wir können ihre DNA sequenzieren und ihre Verwandtschaft mit den Kolibris feststellen, doch das wird unser echtes Wissen über Mauersegler womöglich nur verringern.

Es ist Abend. Ich stehe oben auf einem Höhenzug und blicke auf der einen Seite zum Meer, auf der anderen ins heulende, schleichende Innere Afrikas, das Afrika, aus dem wir alle stammen: buntscheckig, unbeständig und – auf lange Sicht gesehen – gütig. Zum Schutz vor Insekten habe ich mich mit Chemikalien übergossen, die mir jetzt den Atem rauben. Fledermäuse, so groß wie Terrier und mit gespanntem, speckig glänzendem schwarzen Leder zwischen den Fingern, fangen an auszuschwärmen und nach Früchten zu schnuppern. Das Land erwacht aus seiner Starre, schüttelt die Hitze des Tages ab, ein Rascheln, Schlängeln, Glänzen und Surren hebt an. Bald wird es auch knirschen, zermalmen und ächzen, und das Meer wird ebenfalls zitternd erwachen und zu schnappen anfangen.

Ein unterdrücktes Trompeten und Stampfen unterhalb des Hügels könnte bedeuten, dass ein Elefant mit dem Fuß in eine Falle geraten ist, deren Schlinge ins Fleisch schneidet wie Draht in Weichkäse. Ich bilde mir ein, die Verzweiflung und Machtlosigkeit der anderen Elefanten riechen zu können. Wenn sie ihren Artgenossen zurücklassen, werden Löwen und Hyänen kurzen Prozess mit ihm machen. Eigentlich legen die Wilderer die Fallen für kleinere Tiere aus, aber sie wissen genau, wo sie die Stoßzähne verkaufen können.

Die Mauersegler kennen das Brüllen der Löwen besser als das Brummen des M25-Motorway, die Rufe der Nashornvögel besser als den Lobgesang bei der Abendandacht in der anglikanischen Kirche. Giraffen sind ihnen vertrauter als Katzen, die Mitte einer Wolke vertrauter als ein mit Glasfaser ausgekleidetes Loch in einer Vorstadtstraße. In Oxford verweilen sie nur kurz und zu rein funktionellen Zwecken: sich paaren, Eier legen, brüten, füttern, weiterziehen. Wie am Fließband. Zack, zack und danach: Danke, Europa, du hast lange Tage und zwischendurch leckere Fliegen, aber das war's dann. Die Mauersegler haben nicht die Zeit, um mit uns Menschen in Kontakt zu treten, selbst wenn sie es wollten. Mögen wir uns ihnen auch verbunden fühlen, weil wir sie unter unserer Dachtraufe rascheln hören, empfinden sie es dennoch anders.

Aber wenn ich ein guter Mensch bin; wenn ich mich in freundlichen Gedanken übe und Daueraufträge für ehrenwerte karitative Organisationen einrichte; wenn ich nicht den hübschen Mädchen nachglotze, die hüftenschwingend am Hafen entlangspazieren – vielleicht lassen sich die Mauersegler dann dazu herab, aus dem strahlenden Himmel herunterzukommen und sich diesem dreckigen, zerlumpten, erdgebundenen Sterblichen zu zeigen.

Das Gelöbnis genügt! Da sind sie, hauen sich durch die quarkartige Luft, sodass sie scheibchenweise hinter ihnen zerfällt, rauschen nach Nordwesten, ballen sich zusammen und sind fort, immerzu fort.

Es ist Zeit zurückzukehren, solange ich noch Schlangen auf dem Weg erkennen kann. Die Mauersegler werden morgen wiederkommen.

Sie kamen nicht. Weder am nächsten Tag noch am übernächsten und auch nicht in der Woche darauf. Es gab eine Menge vielversprechender, aber enttäuschender Nachahmer (man hat in Mosambik etwa ein Dutzend Seglervögelarten gezählt). Sosehr ich mich am Anblick afrikanischer Palmsegler, Weißbürzelsegler und Fledermaussegler erfreue, sie sind nun mal nicht *mein* Vogel: Denn der Mauersegler, von dem es immerhin zwischen 95 und 165 Millionen Exemplare auf unserem Planeten –

oder besser gesagt: darüber – gibt, ist ganz und gar kein gewöhnlicher Vogel.[30]

Jetzt ist es passiert: Ich habe »*mein* Vogel« gesagt. Mit diesem toxischen Eigentumsanspruch mache ich mich mindestens genauso schuldig wie der freundliche, Tweed tragende Herr mit den Nistkästen, den ich so gnadenlos abgeurteilt habe. Dabei ist er den Mauerseglern wenigstens nützlich.

Februar

Ich bleibe eine Weile da, abgelenkt von Palmseglern und Leoparden auf Bäumen, deren Schwänze von den Ästen baumeln wie die Zugketten von Toilettenspülkästen, meinem Laurentina sowie einer Schlange, die aus dem Foramen magnum eines Gnu-Schädels quillt, einem tollwütigen Schakal und einem Sturm, der Fische in die Bäume hinter dem Haus katapultiert, außerdem von einem Fluch auf den Dorfschulmeister (wegen der strengen Benotung einer Mathearbeit), der seine Fußknöchel und Knie verknöchern und seine Zunge schwarz färben soll, einer Menge Dickens und Walter Scott sowie von einer dämlichen Überdosis Salztabletten, deretwegen ich über einem Plastikeimer knie, während es Fische regnet.

Doch ich kann mich nicht lange auf irgendetwas davon konzentrieren. Der Himmel zieht mich nach oben, wo die Palmsegler locken. Allabendlich steige ich mit dem Fernglas den Höhenzug hinauf, starre nach Afrika hinein und frage mich, wo die Mauersegler bleiben.

Einmal glaubte ich, sie gesehen zu haben, wie sie aus Blitzen und fernem Grollen im Nordwesten herausschossen, und ging beglückt zu meinem Tisch unter der Bougainvillea zurück. Aber das Bier brachte meine Zuversicht ins Wanken. Waren die Flügel nicht zu breit gewesen? Die Körper nicht zu dünn? Die Flugkünste nicht zu bieder?

Einmal pro Woche besuche ich das Internetcafé, um dort in einer stickigen Sperrholzkabine Nachrichten aus Oxford zu empfangen und die Wetterkarten für Zentralafrika zu studieren.

Die beunruhigende Nachricht aus Oxford lautet, dass die Stare bereits interessiert in die Nistplätze der Mauersegler unter den Dachtraufen spähen, obwohl noch Schnee die Regenrinnen verstopft. Bis die Mauersegler eintreffen, sind sie mit dem Brüten fertig, sage ich mir und weiß doch, dass das nicht unbedingt stimmt. Ich bin wütend. Es erscheint mir als Sakrileg, dass diese lauten, derben Vögel sich in Mauersegler-Nestern breitmachen. Da es *moralisch* unbedingt geboten scheint, dies zu verhindern, hämmere ich Instruktionen in die Tastatur – kauft Maschendraht, schneidet ihn in 30 mal 30 Zentimeter große Quadrate, knüllt ihn zusammen, lehnt euch rücklings aus dem Fenster des Arbeitszimmers und versucht, nicht herauszufallen. Ihr seht dann gleich rechts neben dem Fenster ein Loch, in das ihr das Drahtknäuel schieben müsst; falls ihr es mit Heftklammern sichern könnt, umso besser. In der letzten Aprilwoche zieht ihr es wieder heraus, bis dahin sind die Stare hoffentlich nicht mehr daran interessiert, ein zweites Mal zu brüten.

Die beunruhigende Nachricht für Afrika ergibt sich aus einigen meteorologischen Statistikwerten, die ich seit Jahren im Blick behalte, während bessere Väter die schulischen Leistungen ihrer Kinder verfolgen und ausgeglichenere Männer die Ergebnisse ihrer Fußballmannschaft.

In der Regel ist die Überlebensquote der Mauersegler sehr hoch (sie schwankt zwischen geschätzten 76 und 81 Prozent jährlich)[31], aber einer der Faktoren, der ihr Überleben gefährdet, ist eine ungewöhnlich kalte Strömung im Pazifik, die das Wettergeschehen in Süd- und Südostasien sowie Australasien massiv beeinflusst, aber auch in Südostafrika, es wird dort deutlich nasser, und es gibt häufiger Unwetter. Man nennt diese kalte Strömung La Niña, und diejenigen unter uns, die sie fürchten, beobachten nervös den ONI (Oceanic Niño Index), der Anomalien der Meeresoberflächentemperaturen zeigt und Aufschluss über ENSO (die El Niño-Southern Oscillation) gibt. Hinter diesen trockenen bürokratischen Abkürzungen verbergen sich Reiter der Apokalypse.

In einem La-Niña-Jahr kommt es in Ostafrika zu Dürren: Kühe verenden, Geier haben aufgeblähte Bäuche, und die verzweifelte menschliche Bevölkerung im Großen Afrikanischen Grabenbruch bekriegt sich gegenseitig.

Hier im Südosten gibt es Überschwemmungen. Maulwurfsratten und Elefantenspitzmäuse ertrinken. Schlangen schwimmen in die Schlafzimmer.

Für die Mauersegler scheint La Niña gar kein so dramatisches Ereignis zu sein. Sie fallen nicht erschöpft vom Himmel. Die Regentropfen peitschen sie nicht zu Boden. Wenn man durch das braune Wasser watet, das durch eine Straße in Maputo strömt, sieht man keine toten Mauersegler-Körper, die zusammen mit den Ratten fortgeschwemmt werden. Aber im nächsten Sommer wird man in Dorset sagen, dass es kein gutes Jahr für Mauersegler ist, trotz eines milden Junis.

Niemand weiß, warum die Mauersegler so vulnerabel sind. Ihnen steht ganz Afrika als Jagdgebiet zur Verfügung. Sie sehen den Regen schon von Weitem kommen und können vor ihm davonfliegen. Oft lassen sie sich sogar auf ein kesses Tänzchen mit den Unwettern ein. Meine persönliche Theorie dazu lautet, dass die langsamen Wirbel dieser kalten Stürme sie hypnotisieren, so wie sich Kleinnager und Singvögel angeblich vom Tanz der Hermeline betören lassen und sie sich ihnen neugierig nähern, woraufhin sie eingesaugt werden und in eine Kältestarre fallen.

Jedenfalls ist es ein La-Niña-Jahr, wie die Meteorologen nachdrücklich betonen. Ich fühle mich irgendwie verantwortlich und schreibe eine weitere idiotische E-Mail zum Thema Maschendraht.

Vielleicht waren es die Mauersegler von unserem Dach in Oxford, die ich neulich gesehen habe. Britische Mauersegler (nein, ich weiß, dass es keine britischen Mauersegler gibt, aber solch ungehörige Verkürzungen sind nun mal nicht zu vermeiden) durchstreifen das Kongobecken und fliegen bis nach Südostafrika.

Falls die Vögel, die ich über dem Quirimbas-Archipel erspäht habe, Richtung Nordwesten unterwegs sind, überqueren sie den Malawisee, nutzen die Thermik an den steilen Hängen der Mpui-Berge und fliegen dann über den Tanganjikasee nach Norden, wobei sie immer wieder knapp über den Wasserspiegel gleiten, um ein Schlückchen zu nehmen und sich an den frisch geschlüpften Insekten an der Oberfläche gütlich zu tun, die gerade den Buntbarschen entkommen sind.

Hier werden sie wohl eine Pause einlegen und sich die Bäuche vollschlagen, bevor sie die Grenze zur Demokratischen Republik Kongo passieren und auf Bäume hinunterblicken, die wie dunkler Brokkoli emporwuchern, auf braune Flüsse, die sich zu sich selbst zurückwinden, auf kleine Waldelefanten, deren hartes Elfenbein für sie den Tod bedeutet, auf Bonobos, die ganz in ihren politischen und sexuellen Strategien aufgehen, auf Phalangen achtjähriger Mörder in Tarnkleidung, die mit ihren automatischen Waffen sinnlos auf die Mauersegler schießen, und auf Flachlandgorillas, deren Hände man vermutlich irgendwann an die Türpfosten einer Waldhütte genagelt sieht.

Sofern die britischen Mauersegler noch eine andere Heimat haben als den Himmel, dann diese: das Kongobecken, wo schwitzende Bäume tonnenweise zappelnde Biomasse mit regelmäßigen Stößen in die Luft pusten; wo Wolken knarzen, brüllen und Wasserteppiche ausbreiten; wo ein Madenhacker, der einem Nilpferd einen Blutegel aus der Augenbraue zupft, mit den Flügeln schlägt und damit eine neue Schar erst Minuten alter Fliegen mit klebrigen Körpern aufscheucht, die den Mauerseglern Energie geben für ihren Weg zurück zum Lobgesang bei der anglikanischen Abendandacht.

Doch diese Mauersegler denken noch nicht an die Psalmen, sondern ans Fressen und Aufsteigen in die Lüfte. Erst in einigen Wochen werden sie einen Drang verspüren und ganz allmählich merken – wie ein Schwimmer, den eine Unterwasserströmung hinauszieht –, dass sie gen Nordwesten driften, noch weiter nördlich als zur Mündung des Kongo in den Atlantik.

Die Demokratische Republik Kongo ist für Mauersegler ein großer kultureller Schmelztiegel. Wenn man durch das Blätterdach des Waldes nach oben blicken und dabei die Nektarvögel, Breitrachen und Schwätzer, die tellergroßen Schmetterlinge und eisäugigen Baumschlangen ignorieren könnte, würde man Hunderte von ihnen so schnell mit den Flügeln flattern sehen, dass diese asynchron zu schlagen scheinen, bevor sie wieder gleiten und dann erneut vibrieren; schwarz und scheinbar flüssig wie spitz zulaufende Öltropfen durchdringen sie die schwere Luft über den Baumkronen.

Aber natürlich unterscheiden sie sich voneinander. Auch wenn die männlichen und die weiblichen Vögel für uns identisch aussehen mögen, klingen ihre Rufe doch sehr unterschiedlich, was man allerdings nur mit einem Oszilloskop herausfindet. Und dann gibt es neben den erfahrenen Vögeln die unreifen Einjährigen, die letzten Juli geschlüpft sind und nun im Eiltempo Naturgeschichte (insbesondere Insektenkunde), Geografie und Flugtechnik studieren; sie lernen, mit dem plötzlichen Kinnhaken eines Sturms umzugehen und was zu tun ist, wenn man von einer peitschenden Salzregenfront aus Brasilien aufgehalten wird oder sich der stabile Kiel einer Handschwinge zu stark biegt; und wie man das neuronale Flimmern, das durch die Resonanz der haarfeinen Mikrofederchen an ihrem Körper entsteht, zum Modell des eigenen Körpers in einem sich ständig verändernden Raum zusammensetzt. Außerdem gibt es die Zwei-, Drei- und Vierjährigen, deren Eierstöcke und Hoden anfangen, sich zu röten und anzuschwellen, und die sich fragen, wenn auch nicht auf unsere Art, ob der kommende Sommer ihnen Sex und auf Schlackenbeton scharrende Füße und verzweifelt aufgerissene Schnäbel von Nestlingen bescheren wird.

Doch das sind nicht die einzigen Unterschiede. Hier treffen viele verschiedene Populationen aufeinander: Griechen, Türken, Skandinavier, Schweizer, Briten und so weiter, die zwar genetisch, physiologisch und biochemisch übereinstimmen, aber andere Geburtsorte und Brutplätze haben, ihren Kompass verschieden ausrichten und sich anders an Sonne und Sternen orientieren.

Wie betrachten die unterschiedlichen Gruppen einander, wenn sie ihre Kreise über dem Regenwald ziehen? Gibt es einen undefinierbaren, aber charakteristischen Flugstil der rumänischen Vögel, so wie das gleiche Hemd rumänische Schultern, warum auch immer, anders kleidet?[32] Legen die Mauersegler von der baltischen Küste eine lässige maritime Weltläufigkeit an den Tag, die den Vögeln aus Basildon in Essex einfach fehlt, egal wie sehr sie sich anstrengen? Sind die Mauersegler, die in den alten maurischen Dörfern an den Hängen der Sierra Nevada ausgebrütet wurden und die als Erstes in ihrem Leben, gleich gegenüber auf der anderen Seite der Meerenge, Afrika erblickten, heiterer und selbstsicherer bei ihrer Migration und können daher besonders großspurig über den Himmel tänzeln?

Wahrscheinlich haben auch ein paar von der Unterart *Apus apus pekinensis* in Namibia überwintert und wappnen sich jetzt für den Flug über Sudan und Ägypten, ehe sie das Rote Meer, die Arabische Halbinsel und Iran überqueren, das Kaspische Meer streifen und dann mehr oder weniger genau nach Osten abdrehen, um durch Kasachstan und nördlich des Tienschan-Gebirges durch die Mongolei und bis nach Peking zu fliegen. Zollen die anderen Mauersegler ihnen besonderen Respekt, so wie wir Extrembergsteigern oder Ultramarathonläufern?[33]

In einer Population hier im Kongobecken werden die Hoden bereits prall und die Eier reif, sodass es im Unterleib ziept und der Kompass ausschlägt. Es handelt sich um die Vögel des Nahen Ostens: aus Jordanien, Israel, Palästina und dem, was von Syrien noch übrig ist.[34] Wobei es den Mauerseglern in Syrien nicht besonders gut geht; normalerweise mögen sie Löcher im Mauerwerk, aber nicht, wenn diese von Artilleriegeschossen stammen.

Wie die Vögel mit Flugziel China werden auch sie durch den Südsudan fliegen, vermutlich entlang des Nils rastlos und zielstrebig jagen (schließlich ist es ein Wettlauf um Nistplätze, da bleibt keine Zeit für Sightseeing oder um vornehm zu speisen) und das Rote Meer überqueren. Dann sausen die israelischen Vögel über die Wüste Negev und schaffen in einer Stunde, wofür die Israeliten 40 Jahre brauchten, bevor sie Jerusalem aus über 120 Kilometern Entfernung durch den Dunst schimmern sehen.

Nichts deutet darauf hin, dass Mauersegler ihre Nationalität oder Religion wechseln, weder durch Heirat noch aufgrund geänderter Überzeugung. Es gibt auch keinen Beleg für interkulturelle Romanzen hoch über den Köpfen der kongolesischen Flusspferde. Von allen Lebewesen auf diesem Planeten sind sie die wildesten und am weitesten gereisten, aber in puncto kulturelle Identität und Sexualität so konservativ wie die Amish People.

Wieder auf die Quirimbas zurückgekehrt, habe ich es aufgegeben, nach Mauerseglern Ausschau zu halten, auch wenn ich hin und wieder den Reflex nicht unterdrücken kann, den Blick gen Himmel zu heben.

Dafür habe ich mir angewöhnt, nachts an den Strand zu gehen und mich auf den Rücken zu legen, wo ich die Krebse und Ratten verscheuche, alle paar Minuten nach meiner Brieftasche taste und mir vorstelle, dass ich so zumindest den Blick mit den Mauerseglern teilen kann. Sie sind irgendwo da oben und machen sich, anders als während der Brutzeit, wenig Sorgen, dass sie vom Wind zu weit fortgetragen werden könnten; vielleicht schlafen sie immer abwechselnd mit einer Gehirnhälfte, wie Wale und Delfine.

Im Ersten Weltkrieg flog ein Pilot nachts bei Vollmond über den Vogesen in einen Schwarm Mauersegler hinein, die sich schwarz von der hellen Wolke darunter abhoben.[35] Sie schienen sich nicht zu bewegen. Und ignorierten das Flugzeug. Seine Schilderung gleicht einem Traum – Raum und Zeit hatten ihre übliche Bedeutung verloren, die Bewegungsgesetze schienen aufgehoben.

Um sich zu orientieren und zu navigieren, nutzen die Mauersegler wahrscheinlich die Sterne, die Sonne, Magnetpartikel in ihrem Gehirn oder im Schnabel, Flüsse, Gebirge, Küstenformationen, Pipelines und Feldraine, und folgen, wie Lachse bei ihrer Rückkehr, dem Geruch der Heimat. Da sie die Hemisphären wechseln, müssen sie zumindest eine grobe Karte des Nachthimmels der Nord- und der Südhalbkugel irgendwo in ihrem Kopf oder in ihren Eingeweiden haben. Wir Menschen sind verkümmerte Tiere und applaudieren einem Kind, das uns Orion, den Großen Wagen und den Polarstern zeigen kann. Es ist wohl nicht davon auszugehen, dass die Mauersegler alle 88 Sternbilder kennen (36 vorwiegend in der nördlichen Hemisphäre, 52 in der südlichen), aber um nachts zu navigieren, müssen sie insbesondere auf der Südhalbkugel einen ganzheitlichen Sinn dafür haben, wie sich der Himmel zusammensetzt.

Zwar kann man mithilfe des Kreuzes des Südens den geografischen Süden ermitteln, aber es ist kompliziert. Dazu muss man zwischen den vertikalen Eckpunkten gedanklich eine imaginäre Linie ziehen und diese um das Viereinhalbfache verlängern, der Südpol liegt dann am Horizont unterhalb dieses Punktes. Dass Mauersegler solche geometrischen Berechnungen anstellen, kann man sich kaum vorstellen. Falls sie es doch tun, sind sie wahrlich wunderbare Tiere. Und wenn das nicht der Fall ist, sie aber dennoch den Süden finden, sind sie umso wunderbarer. Denn dann *fühlen* sie, wie die Sterne ihren Reigen tanzen. Und um die richtige Richtung erfühlen zu können, braucht man einen exakten Chronometer und einen exakten Kalender – keinen, der von den eigenen Hormonen gesteuert wird.

Sollten sie jetzt über mir fliegen, navigieren sie allerdings nicht; sie aalen sich im Licht der Sterne, sind trunken davon, blinzeln beinahe reglos in der Kälte, und die fest geschlossenen Schnäbel verziehen die graue Haut in den Winkeln zu einem ernsten Lächeln.

In der Morgendämmerung wache ich auf, Gesicht und Hände geschwollen und rot wie die Eierstöcke der vierjährigen israelischen Mauersegler im Februar (allerdings nicht durch Östrogen, sondern durch Moskitostiche), meine Stiefel wurden von Ratten angenagt, und meine Brieftasche ist vermutlich schon auf halbem Weg nach Maputo.

Doch das ist mir völlig egal, denn da sind sie! Sechs von ihnen. Mauersegler in großer Höhe, aber trotzdem unverkennbar. Nicht schnurstracks unterwegs, nicht manisch Glykogen für die Reise nach Norden speichernd,[36] nicht einmal träge in Richtung Kinshasa segelnd, beobachten sie einfach nur müßig die Herden, die sich durch den Busch drängen, und die dunklen Schatten der Walhaie in der Straße von Mosambik. Sie sind zurückgekommen, um mich zu sehen, einen anderen Grund kann es doch nicht geben, oder?

Da ich die große Attraktion bin, werden sie zweifellos in Mosambik bleiben, solange ich noch hier bin. Und ich werde ihr Vertrauen nicht enttäuschen. Ich werde die Zeit sinnvoll nutzen. Zwar werde ich sie nur unbeholfen zeichnen und malen können, aber meine Fotos werden ihre Kraft und das Archaische einfangen, und irgendwie werden sich auch die richtigen Worte einfinden, obwohl das bisher noch nie der Fall gewesen ist.

Also rapple ich mich auf und renne in mein Zimmer, wo ich in meinem Rucksack nach meinem Notizbuch, der Schachtel Aquarellfarben und der alten, schweren Kamera krame, die ich normalerweise zu Hause lasse, dann rase ich zurück zum Strand, wobei ich einen Frühstückstisch umreiße, zu atemlos, um mich zu entschuldigen.

Sie sind weg. Natürlich sind sie weg.

Der Himmel ist jetzt furchtbar, voller Hohn, der widerhallt. Ich kann es kaum erwarten, endlich im Flugzeug zurück nach Oxford zu sitzen, wo ich wenigstens die Stare verjagen kann.

Heute Morgen fahre ich mit einem Zug durch eisigen Nieselregen. An der Station Liverpool Street bahne ich mir einen Weg durch die Pendlermassen und steige in die sarkastisch so benannte »Sunshine Coast Line« Richtung Osten um, die mich über Colchester nach Walton-on-the-Naze bringt, eine schmucke Kleinstadt mit vielen bunten Strandhütten und Imbisslokalen an der Küste von Essex, auf halber Höhe zwischen Harwich und Clacton. Dort knattern die Union Jacks in dem Wind aus Nowosibirsk, und ich bewege mich mit vorsichtigen Schritten zwischen Hundehaufen und Tampons über den bitterkalten Strand.

Natürlich bin ich hier, weil hier Mauersegler waren, womit ich nicht die vom letzten August meine, sondern die aus dem frühen Eozän.

Die Küste besteht aus Londoner Ton, wie die gelbbraunen Ziegel vieler Gebäude in der Hauptstadt.

1977 fand ein gewisser Mr S. Vincent, der nur in die Geschichte eingegangen ist, weil er dieses zähe Sediment durchgesiebt hat, einen linken Oberarmknochen, einen unvollständigen rechten Oberarmknochen, ein linkes Rabenbein, eine unvollständige linke Elle und eine linke Speiche. Die Knochen stammten von einem sehr kleinen Vogel, der vor etwa 56 bis 49 Millionen Jahren im Lehm zerquetscht worden war.

Als C.J.O. Harrison – nicht von einer ehrwürdigen akademischen Institution, sondern aus 48 Earl's Crescent, Harrow, HA1 1XN, und von sehr großer Gelehrsamkeit – 1984 die U-Bahn nach South Kensington nahm und den Staub von den Knochen pustete, die S. Vincent im Naturhistorischen Museum untergebracht hatte, fiel ihm auf, dass die Oberarmknochen in der Tat sehr kurz waren.

Es handelte sich um die Oberarmknochen eines Proto-Mauerseglers, was S. Vincent unsterblich machte. Denn nachdem Harrison die Knochen in einer ausgesprochen unbekannten niederländischen Zeitschrift gewissenhaft beschrieben hatte, wurde aus dem Vogel der *Eocypselus vincenti*,[37] was so viel heißt wie Urmauersegler: »Das Tuberculum ventrale ragt kaudal mit einer tiefen, dünnwandigen, distalen Fossa pneumotricipitalis heraus«, erklärte er feierlich der Welt. »Der tiefe Sulcus ligamentosus transversus unter dem Caput krümmt sich in der Schwanzregion in Richtung des Tuberculum ventrale. Großes Intumescentum bicipitale, …«

S. Vincents Fund sollte bis Anfang des 21. Jahrhunderts das einzige bekannte Exemplar eines *E. vincenti* bleiben, dann wurden in der Fur-Formation in der dänischen Limfjord-Region weitere Vögel aus dem frühen Eozän entdeckt.[38] Ein relativ gut erhaltener Schädel zeigt, dass es sich um einen Insektenfresser handelte. Natürlich verweist der auch hier vorhandene auffällig kurze Oberarmknochen darauf, dass der Vogel seine Insekten im Flug fangen konnte, aber die Phalangen der wichtigsten Flügelglieder waren nicht so enorm verlängert wie bei den heutigen Mauerseglern. Ihre Kraft und Virtuosität, die Mauersegler-Beobachter so bewundern, verdanken sie ja vor allem ihren langen, befiederten Fingern. *E. vincenti* war kein so atemberaubender Flieger wie der moderne Mauersegler. Und er hatte viel längere Zehen; wahrscheinlich saß er häufiger und war mehr ans Land gebunden.

Diese neuen Fossilien, so schlussfolgerte der wichtigste Gutachter, bedeuteten, dass die Eocypseli die »frühesten von den bekannten Apodiformes [Seglervögel] abweichenden Vögel« waren. Also schwirrten schon vor etwa 50 Millionen Jahren diese Seglervögel auf dem blauen Luftweg zielstrebig in Richtung *Apus apus*.

Ein weiterer Verwandter fand sich ein, diesmal in der Green-River-Formation in Wyoming.[39] Dort wurde in einer circa 52 Millionen Jahre alten Ablagerung ein wunderbar erhaltenes mauerseglerartiges Wesen gefunden, etwa elfeinhalb Zentimeter lang und zu Lebzeiten leichter als 30 Gramm: Es ist der kleinste Vogel, der aus diesen ergiebigen Sedimenten eines uralten Sees aufgetaucht ist. Mit seinen Flügeln, einem Mittelding zwischen denen eines Mauerseglers und eines Kolibris, war er, wie *E. vincenti*, kein solcher Kunstflieger wie der moderne Mauersegler und konnte auch nicht schweben. Er ernährte sich von Insekten, und erstaunlicherweise wissen wir, dass er schwarz war. Wir können jede einzelne seiner Federn erkennen, und unter dem Mikroskop sind die melaninhaltigen Melanosomen sichtbar. Möglicherweise war sein Federkleid sogar schillernd. Dieses Fossil ist der Bildschirmschoner auf meinem Laptop. Es hat die strahlend lächelnden Kinder verdrängt, die eigentlich dort sein sollten.

Der Green-River-Mauersegler war übrigens nicht der gemeinsame Vorfahre von Mauerseglern und Kolibris, sondern ist am Stammbaum ein verdorrter Zweig, der nur bis ins Eozän hinein existierte.

Wir wissen also, dass der grundlegende Bauplan für die Mauersegler bereits im frühen Eozän vorhanden war und sie sich während des restlichen Eozäns (bis vor circa 33,7 Millionen Jahren) hervorragend weiterentwickelt haben. Als die meisten der modernen Säugetierordnungen auf den Plan traten, flatterten und glitten sie bereits durch die Lüfte. Sie sahen, wie Wölfe mit Hufen die Küste entlangtrotteten und ins Meer stiegen, um zu Walen zu werden, und wie ihnen die Hufe abfielen und Schwanzflossen wuchsen.

Die Mauersegler schlüpften in einer eisfreien tropischen und subtropischen Welt mit Meeren und üppigen Wäldern. Die Pole ähnelten Oregon, London hingegen Indonesien. In Essex stieß *E. vincenti* zwischen den Palmen im warmen Regen herab und fing die Art von Insekten, die man in baltischem Bernstein findet. Am Green River mussten die Mauersegler aufpassen, dass sie nicht von Krokodilen geschnappt wurden, wenn sie im Tiefflug über dem See jagten.

Aber der Planet veränderte sich. Die Mauersegler sahen, wie Nordamerika und Grönland von Europa wegdrifteten, wie sich Australien von der Antarktis losriss und Indien sich nordwärts bewegte und dabei das Gestein zum Himalaja auffaltete. Auch entging ihnen nicht das Knirschen und Schrammen der sich verschiebenden Platten. Und sie spürten die Folgen: eine radikale Veränderung der Meeres- und Luftströmungen, mit der vor 40 Millionen Jahren eine Abkühlungs- und Austrocknungsphase einsetzte, die dann im späten Eozän vor 33 Millionen Jahren zu einem großen Aussterben führte.[40]

Sie wurden Zeugen, wie zwischen 50 und 90 Prozent der Arten verschwanden, die früher ihre Mitgeschöpfe waren. Sie sahen, wie sich die Meere zurückzogen, gefangen im neuen Eis der Pole, und erlebten das Entstehen der Jahreszeiten. Sie beobachteten, wie sich die großen Waldbestände lichteten und an den Ufern von Seen und Flüssen Gräser sprossen und sich später weiträumig über die Erde ausbreiteten. Sie blickten herab auf die überlebenden Säugetiere, die auf den neuen Waldlichtungen wuchsen und gediehen, hörten erstmals Dreizehenpferde und Nilpferde, Nashörner, Kamele und Schweine wiehern, brüllen, sich suhlen und schnauben.

Mauersegler surfen nicht nur auf den grünen Luftplankton-Wellen, die von Afrika nach Norden anrollen. Sie sind nicht ausschließlich geografisch unterwegs. Sie surfen auch durch die Zeit.

Am Strand von Walton reiße ich mich aus meiner Tagträumerei. Ich bin klatschnass, und meine Füße sind taub. In einer Imbissbude an der Hauptstraße kaufe ich Fisch einer Spezies, die bereits alt war, als es die ersten Proto-Seglervögel gab, und fahre in einem überheizten Zug nach London zurück.

März

Im März saß ich in meinem Zimmer in Palermo. »Das kann nicht sein«, sagte ich mir. »Aber es stimmt.« Und schon stürmte ich aufs Dach, und da waren sie, zogen in der warmen Luft über der Kathedrale ihre Kreise. Die Mauersegler: ihre allererste Stunde in Europa in diesem Jahr. Am Nachmittag waren sie noch nicht da gewesen; ich hätte sie niemals übersehen. Sie hatten sich vom Schirokko aus Afrika herübertragen lassen und erkundeten nun bereits die Dächer Siziliens.

Zwei Wochen lang hatte ich auf sie gewartet, war an der Küste auf und ab gegangen, hatte aufs Meer hinausgespäht, die Ohren gespitzt, ob ich ihre Schreie hörte, und auf Pünktchen gehofft, die der Wind aus Afrika mitbrachte. In der Abenddämmerung war ich auf einen Turm gestiegen, um ihnen näher zu sein, falls sie in der Nacht kämen. Sonst würden sie womöglich niemanden antreffen, der auf sie wartete, und vor dem, was dann geschehen würde, hatte ich Angst. Ich machte die Bekanntschaft der Möwen, die die ganze Nacht um die Kuppeln flogen, doch sie teilten sich den Himmel nur mit Eulen und Fledermäusen. Nachdem ich zu müde geworden war, um noch länger zu warten, kauerte ich zusammengesunken in meinem Zimmer und las über Winde, Gezeiten, Gefieder und die großen Dinge, die die Welt am Laufen hielten, bis ich einschlief.

Für die Mauersegler ist das Meer eine Wüste. Die mächtigen Luftwirbel, die die Mauersegler an Land mit Nahrung versorgen, kippen manchmal um und lassen ihre Insektenladung ein, zwei Kilometer weit draußen über dem Meer fallen, doch die meiste Zeit ist das blaugrüne Wasser eine einzige Ödnis. Sogar die gewaltigen sandigen Weiten der Sahara sind ergiebiger. Windsäulen, in denen es von Insekten wimmelt, prallen an Bergen ab und stoßen über den Dünen zusammen, sodass sich die Mauersegler kreischend an der Insektenwolke laben können.

Einen Moment lang wandte sich mein Blick von den Vögeln ab und meinem Inneren zu, und da merkte ich, dass ich diese Mauersegler an die Meerenge von Gibraltar versetzt hatte. In meiner Vorstellung waren sie soeben aus Marokko angekommen, nicht aus Tunesien.

Ich glaube, ich weiß, was geschehen war. Die räumliche Verlagerung war Ausdruck meiner angeborenen Unfähigkeit, im Augenblick zu leben. Und es steckte noch etwas anderes dahinter. Es zeigte, dass es *prinzipiell* unmöglich ist, wirklich in dem Augenblick zu leben, in dem die Mauersegler erscheinen. Er ist einfach zu gewaltig, um mit ihm umzugehen. Die sizilianischen Mauersegler ließen meine Sicherungen durchbrennen, daher musste ich sie mental 1600 Kilometer weiter westlich verorten, um mein System abzukühlen. Und mehr noch: Diese Verschiebung war das unbewusste Anerkennen ihrer über sämtliche Landesgrenzen hinwegwogenden Präsenz. Ihr Flitzen und Flattern lässt alle Welt strahlend herumwirbeln – nicht nur in Sizilien; nicht nur dort, wo wir sie zufällig gerade sehen. Mauersegler sind nicht ortsgebunden, daher machen wir uns zwangsläufig ein falsches Bild von ihnen, wenn wir sie uns als ortsgebunden vorstellen. Ja, ich weiß, dass ich gesagt habe, wir müssten lokal denken, weil wir ortsgebundene Wesen sind. Dazu stehe ich. Und das ist ein Problem.

Ich befinde mich am hinteren Ende des Platzes vor der Klagemauer in Jerusalem. Es ist später Vormittag. Schon vor der Morgendämmerung bin ich hergekommen. Mein Fernglas habe ich nicht dabei. Die jungen Soldatinnen, die einen beim Betreten des Areals untersuchen, würden es merkwürdig finden, dass ich es hier benutzen will. Wir sind an der Nahtstelle vieler Welten.

Es riecht nach Zypressen, Kardamom und Tränengas. Man hört das Gemurmel der Betenden und die Geräusche irdischer Geschäftigkeit, doch über alldem tönt das »Wiiiiiih« der Mauersegler.

Die Klagemauer an sich ist eine Umfassungsmauer für das, was für gewöhnlich der »Zweite Tempel«[41] genannt wird; Herodes ließ ihn vor mehr als 2000 Jahren auf oder neben dem Platz des salomonischen Tempels errichten, welcher von den Babyloniern im Jahr 586 vor Christus zerstört worden war. Für die Juden handelt es sich dabei um den Berg Morija, auf dem Abraham Gott seinen Sohn Isaak als Opfer darbot. Im Inneren des salomonischen Tempels befand sich *kodesch ha-kodaschim*, das Allerheiligste, ein tiefdunkler und hochheiliger Kultraum, der nur einmal im Jahr betreten werden durfte, und zwar ausschließlich vom Hohepriester.

In diesem Allerheiligsten wurde die Bundeslade aufbewahrt, eine vergoldete Holztruhe, in der sich die Steintafeln mit den Zehn Geboten befanden. Es war der Hort der Sittlichkeit.

Moses begegnete Gott in Feuer und Rauch auf dem Berg Sinai. Vor ein paar Tagen haben ihn die Mauersegler auf ihrem Weg vom Kongo überflogen. Dann wies Gott die Israeliten merkwürdigerweise an, eine Truhe zu bauen.

Über deren Aussehen und Maße äußerte er sich sehr detailliert. Es sollten Stangen daran befestigt sein, damit sie auf den Schultern von Trägern den ganzen Weg bis ins Gelobte Land transportiert werden konnte – denn das Gesetz und Gott höchstselbst, in der Truhe kauernd, sollten die Israeliten begleiten. So zog Gott mit ihnen, und die Route, die sie nahmen, unterschied sich nicht sehr von der der heutigen Mauersegler.

Zwei riesige goldene Cherubim[42] – hochrangige, geflügelte Engelwesen – flankierten die Bundeslade und spannten ihre Flügel über sie. Gott erschien und sprach zwischen den Flügeln der Cherubim: »Dort werde ich mich dir zu erkennen geben und dir über der Deckplatte zwischen den beiden Kerubim [...] alles sagen, was ich dir für die Israeliten auftragen werde.«[43]

Auch in die Wände und Türen des Tempels waren Cherubim geschnitzt.[44] Sie könnten mesopotamischen Ursprungs sein. Dort haben sie typischerweise ziemlich eckige und kurze Flügel. In späteren Darstellungen der Cherubim haben sie dann allerdings, so scheint mir, sehr lange Fingerendglieder, die sich für längere Gleitflüge eignen.

Der Erste Tempel wurde dem Erdboden gleichgemacht, und die Bundeslade ging verloren, doch seine heilige Kraft blieb erhalten, sie ging in die Steine über und erfüllte den neuen Tempel des Herodes. Er wurde ebenfalls zerstört, diesmal von den Römern im Jahr 70 nach Christus, doch Feuer und Soldaten konnten der Heiligkeit nichts anhaben. Sie lebt auf dem Tempelberg fort, der nach muslimischem Glauben der Ort ist, wo der Prophet mit seinem geflügelten Pferd al-Buraq landete, als er von seiner nächtlichen Reise nach Mekka zurückkehrte und danach in den Himmel weiterflog. Auf dem Berg befinden sich heute der Felsendom und die Al-Aksa-Moschee.

Strenggläubige Juden gehen nicht auf den Tempelberg, denn sie könnten versehentlich den Ort des *kodesch hakodaschim* betreten, was gotteslästerlich und fatal wäre. Die Heiligkeit sickert mit den winterlichen Regenfällen in die Umfassungsmauer, daher sind die Ritzen zwischen den Steinen im unteren Teil der Mauer vollgestopft mit zusammengeknüllten Zetteln: Bitten um Heilung, einen neuen Job oder einen Ehepartner, aber auch Dankgebete für die Geburt eines Kindes oder weil man von einer Bombe verschont geblieben ist.

Weiter oben in der Mauer, näher an der Heiligkeit, gibt es viele Spalten, die tief ins Dunkel unter dem Tempelberg reichen und von Mauerseglern bewohnt werden. Hier brüten etwa 90 Paare – und noch einige Hundert mehr anderswo am Tempelberg.[45] Diese Nistplätze hat seit 2000 Jahren kein Mensch berührt. »Wahrscheinlich hatten sie hier schon in der Zeit von König Herodes ihre Nester«, berichtete Amir Balaban von der Israelischen Gesellschaft für Naturschutz einer israelischen Zeitung.[46] »… [W]enn bei Sonnenaufgang die Betenden kommen, kann man von unten ihre Stimmen hören und von oben die Schreie der Mauersegler. Dann bekomme ich immer Gänsehaut.«

Ich auch. Rabbi Yosef Cornfeld schrieb:

> Mit den ersten Gebeten bei Sonnenaufgang beginnen sie, gemeinsam ihre Kreise zu ziehen; manchmal kreisen sie am Vormittag mehrere Stunden und kehren dann am Spätnachmittag zu den Nachmittags- und Abendgebeten zurück … Normalerweise wird ein solches Verhalten bei Mauerseglern als Spielen betrachtet, doch zumindest bei diesem Schwarm glaube ich, dass sie nicht spielen … sondern beten …[47]

Wenn sie am Nachmittag wegfliegen, gehen sie auf Beutefang, über Israel, den besetzten Gebieten und Jordanien. Je nach Windverhältnissen können sie ins Jordantal ziehen, über den See Genezareth, sich die sagenhafte Thermik der Golanhöhen zunutze machen und dumpfes Geschützfeuer aus Syrien hören. Vielleicht ernähren sie sich den ganzen Tag nur von den Blattläusen der zedernbestandenen Hänge des Libanon-Gebirges. Jeden Tag und bei jedem Wetter sehen sie die anrollende Brandung an den Küsten von Gaza, Tel Aviv und Haifa.

Zwar unterscheiden sie sehr genau zwischen verschiedenen Insektenarten, scheren sich aber nicht um deren nationale oder religiöse Herkunft. Wenn sie zum heiligsten Ort der jüdischen Welt zurückkehren, haben sie den Kehlsack vielleicht voll von Käfern, die sie samt und sonders über der Al-Aksa-Moschee oder der Grabeskirche (wo sich nach christlicher Vorstellung die Grabkammer Jesu befand, aus der er auferstanden ist) gefangen haben. Die Checkpoints bei Jericho interessieren sie nur insofern, als es in der Nähe Dattelpalmbestände gibt und die kleinen Fliegen, die sich von den verfaulenden Früchten ernähren, manchmal in den Himmel gesogen werden. Die

Mauersegler müssen nicht in überhitzten Fluren von Einwanderungsbehörden Schlange stehen, um von hier nach Zentralafrika weiterziehen zu dürfen. Niemand mustert sie argwöhnisch, spottet über den Stil ihres Federkleids oder blafft sie an, was zum Teufel sie hier wollen. Und sie brauchen nicht demütig und mit einem einschmeichelnden Lächeln ihre Pässe vorzeigen, in die sie diskret eine 50-Dollar-Note gesteckt haben.

Ich glaube, ich weiß, was für ein Gefühl es ist, in einer Mauerseglerhöhle in der Klagemauer zu wohnen. In Nahost habe ich oft in etwas Vergleichbarem gewohnt: in Kreuzfahrerkellern, niedrigen Gewölben ohne Tageslicht und mit Stroh auf dem Boden. Und in widerhallenden Spalten am Hang eines Wadi, von denen aus man auf glutheiße Schotterebenen, Felsen im blutroten Abendlicht, zartes morgendliches Rosa oder in mittägliches Blau blickte, das wie geronnen aussah, als könnte man es löffeln.

Obwohl Jerusalem hoch im Judäischen Bergland liegt, verwandelt sich der Platz an der Klagemauer manchmal in einen Backofen. Innerhalb der Mauer jedoch ist es, unabhängig von der Außentemperatur, tagsüber kühl und nachts warm – wie in allen traditionell gebauten Häusern in der Levante. Der Anzahl der Vögel nach zu schließen, die sich mitunter um die Eingänge mancher Spalten scharen, könnten zumindest hinter einigen von ihnen verwinkelte Labyrinthe liegen, möglicherweise meterlang und jahrtausendealt, so wie uralte Dachsbaue in ausgehöhlten Hügeln. Die Gänge bestehen aus den Überresten vorzeitlicher Meereslebewesen: dem blassen Kalkstein Judäas, der im Dämmerlicht golden leuchtet. Noch heute riecht er nach Hummer – was tatsächlich ein sehr unkoscheres Essen ist.

In diesen Gängen ist es trocken; die Mauersegler bauen ihre Nester nie so weit oben in der Mauer, dass Regenwasser zu ihnen durchsickern könnte, sie liegen aber auch tief genug, um nicht den feuchten Windböen ausgesetzt zu sein, die von der Küste Gazas herüberwehen. Diese Mauersegler haben es wärmer als diejenigen, die den Lebenskraft raubenden Nieselregen von England im Mai ertragen müssen, und kühler als die, die im Juli unter englischen Schieferdächern vor sich hin schmoren. »Ein Tag in den Vorhöfen deines Heiligtums ist besser als tausend andere«, so die Gottespreisung eines Psalmenschreibers.[48] Aus Mauersegler-Perspektive bringt das den Unterschied zwischen Jerusalem und Oxford sehr genau zum Ausdruck.

Die Verbindung der Mauersegler zum Tempelberg muss auf eine Zeit weit vor dem herodianischen Tempel zurückgehen. Als Salomon den Ersten Tempel erbaute, war der Mörtel noch nicht so gut und das Maurerhandwerk noch nicht so entwickelt. Für die Mauersegler war das von Vorteil. Wenngleich der Tempel wesentlich kleiner war als der des Herodes, muss er eine Menge Spalten gehabt haben, bis man ihn dem Erdboden gleichmachte.

Salomons Weisheit war sprichwörtlich. Der Jerusalemer Talmud begründet dies damit, dass Salomon die Sprache der Vögel verstand. Auch der Koran scheint darauf hinzuweisen, außerdem seien Salomon dadurch viele weitere Wohltaten zuteilgeworden: »Salomo beerbte David«, werden wir erinnert. »Und er sagte: ›O ihr Leute! Uns ist die Sprache der Vögel gelehrt und von allen Dingen gegeben worden. Dies ist fürwahr eine offenkundige Gnade.‹«[49] Ich stelle mir gerne vor, die Mauersegler des Tempelbergs seien Salomons Lehrer gewesen. Sie haben zweifellos die Himmel geöffnet und vielen Gnade zuteilwerden lassen.

Als ich wieder in Afrika bin, findet eine große Zusammenkunft statt. Im Kongo surrt und schwirrt es. Jeden Tag treffen von Süden her weitere Mauersegler ein. Manche von ihnen haben sich über den Feuchtgebieten des Okavango vollgefressen, wo riesige Schwärme tanzender Mücken schlüpfen, die in der Sonne auf- und abhüpfen wie Chitin-Jo-Jos. Manche haben sich auf den ausgedehnten Farmen Simbabwes oder in den dichten Wäldern Sambias einen Fettvorrat angefuttert. Und wieder andere sind dünn geblieben, weil die Kalahari wenig zu bieten hatte oder weil ihnen Tropenstürme zugesetzt haben. Aber sie haben noch genug Zeit, um aufzuholen und sich für den Zug nach Norden zu rüsten.

Hier im Kongo teilen sie sich in die östlichen und die westlichen Ströme auf. Einige ziehen nach Nordosten und folgen ihren Jerusalemer Artgenossen, ehe ihre Route sie weiter in den östlichen Mittelmeerraum und über den Balkan nach Nordosteuropa führt. Andere schlagen die Richtung nach Westen ein, zum Golf von Guinea. Unter diesen sind auch die Vögel, die irgendwann zu unserer Straße in Oxford finden werden.

Die Stare kichern und gackern und drängen sich momentan unter unserer Dachtraufe. Ich konnte sie nicht vertreiben. Sollten sie immer noch da sein, wenn die Mauersegler ankommen, könnte ich mich zu schrecklichen Taten hinreißen lassen.

Ende März ist immer eine schwierige Zeit für mich. Das Mauersegler-Gewusel im Kongo macht mich schwindlig. Ich kann aber auch nicht dauernd in Jerusalem sein, um den Vorgeschmack auf den Sommer zu kosten, den die Mauersegler bringen. In Griechenland oder auf Sizilien nach ihnen Ausschau zu halten ist einfacher, aber nervenzermürbend. Falls sie nicht nach England kommen, nun ja, dann kann ich es ihnen nicht verübeln. Aber wenn sie auch auf dem südlichen Peloponnes oder in den liebenswerten Dörfern, die aus der rötlichen Erde Marsalas gesprossen sind, nicht nisten wollen, dann verheißt das nichts Gutes.

Also sitze ich wie auf Kohlen. Das tue ich vorzugsweise irgendwo im Süden, wo es kein WLAN gibt und ich nicht alle paar Minuten auf die Webcam der Klagemauer schauen kann; wo ich stattdessen in den Himmel über dem Meer blicke, ob da nicht diese ersten Tüpfelchen zappelndes Schwarz auftauchen, die an unsichtbaren Fäden aus Afrika hergezogen werden.

April

Sie kommen!

Sie sind irgendwo da draußen.

Ich sitze hoch oben auf einer Klippe in Südspanien, trinke die zehnte Tasse schlechten Kaffee an diesem Tag und schaue nach Süden. Es ist früh am Abend. Gerade hat eine Band zu spielen angefangen, und die Melodien Nordafrikas, die in ein und derselben Kadenz von Verlust und Triumph erzählen, erfüllen mit ihren bebenden Vierteltönen die Luft in einem Ausmaß, dass darin kein Vogel mehr Platz zu haben scheint. Ein scharfer Wind vom Atlantik her bläst mir marokkanischen Sand in die Augen.

Seit einer Woche bin ich täglich hier. Meine Augen sind rot vom vielen Reiben und Schauen. Ich brauche den Kaffee, um mich wach zu halten. Denn ich stehe schon im Morgengrauen auf, weil ich Angst habe, sie zu verpassen.

Und dann, plötzlich (es geschieht immer plötzlich), sind sie da. Nur drei von ihnen, so gerade eben noch am Rand des Blickfelds – dem einzigen Ort, wo man je wirklich Sehenswertes sieht. Und bloß für einen Moment, was die einzig relevante Zeiteinheit ist. Hoch, geräuschlos, schnell.

Was für ein Tempo. Und Darwin vergibt den Preis.

Die meisten dieser Vögel werden in Westeuropa brüten, nachdem sie mit sämtlichen Mauerseglern der Welt über dem Kongobecken gekreist und nach Liberia weitergeflogen sind, wo nach den Regenfällen Mitte April eines der größten Treffen von Wildtieren auf diesem Planeten stattfindet. Dagegen wirken die Gnu-Wanderungen in der Masai Mara und durch die übrige Serengeti wie ein Pudelrudel beim Gassi gehen im Stadtpark. Auch die riesigen Zusammenkünfte der Hammerhaie vor Costa Rica und den Galapagosinseln nehmen sich gegenüber der liberianischen Mauersegler-Versammlung wie ein Grüppchen Goldfische aus, das sanftmütig im Glas herumschwimmt.

Sie färben den Himmel schwarz. Wie gelingt es ihnen bei dieser Geschwindigkeit, nicht zu kollidieren? Hunderttausende laben sich an den Wolken von Insekten. Tagtäglich löst sich ein Teil des Schwarmes von den anderen und macht sich auf den Weg, während neu eintreffende Mauersegler aus dem südlichen und mittleren Afrika ins Gewühle drängen. April ist die Rushhour. Ende April fliegen die Brüter los, die auf dem Weg in die Niederlande sind, sie sind so ziemlich die letzten der »europäischen« Vögel, die die Reise antreten. Einige jüngere Vögel, die in dieser Saison noch nicht brüten wollen, legen etwas später in Westafrika eine Pause ein und mästen sich dort, Liberia hingegen ist ab Anfang Mai mehr oder weniger mauerseglerfrei.

Im Schnitt dauert die Rast in Liberia eine Woche, manchmal auch nur vier Tage, manchmal bis zu zwölf Tagen.[50] Vermutlich hängt dies davon ab, wie wohlgenährt die Vögel aus dem übrigen Afrika eintreffen, ob sie oft vor dem Wetter fliehen mussten oder der Regen die Insekten vom Himmel gefegt hat. Entscheidend ist auch, wie weit sie noch fliegen müssen. Wir wissen nicht, ob die Mauersegler, die unterwegs nach Norwegen sind, sich länger hier aufhalten als die auf dem Weg zur Côte d'Azur, aber es ist zu vermuten.

Ich frage mich auch, ob die Dauer ihres Aufenthalts teilweise eine Frage ihres Grundvertrauens ist – und sich damit von Individuum zu Individuum unterscheidet. Müssen einige Vögel, die es im Jahr zuvor über der Biskaya schwer gebeutelt hat, all ihren Mut zusammennehmen, bevor sie sich zur Abreise entschließen, während andere, die in den Vorjahren günstige Winde hatten, ganz unbeschwert von dannen ziehen? Wie dem auch sei, Liberia betört mit seinen Reizen. Der Himmel hängt voller Ambrosia, und es ist warm. Wie stark muss da das Ziehen in der Brust sein, das sie gen Norden drängt?

Ob sie in ihren blank polierten Köpfchen wohl ein Bild davon haben, wohin sie reisen? Schweben über dem Golf von Guinea Erinnerungen an unsere Dachtraufen zu ihnen hinauf? An mein Gesicht am Fenster, nur wenige Zentimeter von ihnen entfernt, während sie schnurstracks zur Nisthöhle hinauffliegen? An meine Kinder, die beim Spielen auf dem Sportplatz ihrer Grundschule, nur ein paar Meter die Straße hinunter, Käfer in die Lüfte befördern?

Jedenfalls sieht es nicht so aus, als würden sie lange fackeln. In einem Moment sind sie da und im nächsten, mir nichts, dir nichts, verschwunden. Ein Vorbild, wie wir ins kalte Wasser springen sollten.

Woher kennen sie ihre Flugroute? Wir haben keine Ahnung. Aber es herrscht kein Mangel an Spekulationen.

Es gibt die These, dass Blaulicht-empfindliche Flavoproteine in ihren Netzhautzellen als Kompass dienen:[51]

Sobald blaues Licht auf diese Flavoproteinmoleküle trifft, bildet sich ein Paar hochreaktiver Moleküle, jedes mit einem ungepaarten Elektron. Diese ungepaarten Elektronen machen, so vermutet man, die Moleküle hochempfindlich gegenüber ihrer magnetischen Umgebung, und die Reaktion auf diese Umgebung beeinflusst möglicherweise die Empfindlichkeit der Fotorezeptoren, sodass der Vogel vielleicht ein Muster aus dunklen und hellen Flecken sieht. Wenn er den Kopf bewegt und damit den Winkel der Ausrichtung zum Magnetfeld ändert, bewegen sich die Flecken. Falls dies zutrifft, hätte der Vogel einen eingebauten Kompass, auf den er in gewisser Weise die ganze Zeit *blickt*. Wenn das Rotkehlchen also vom Baum aus Ihr Vogelhäuschen beäugt, bekommt es gleichzeitig eine Art visuellen Hinweis auf die Lage des Nordpols.

Allerdings ist ein Kompass nutzlos, wenn man nicht weiß, wohin man will. Man braucht auch eine Karte. Manche vermuten, dass eine solche in den Schnäbeln gespeichert ist – erzeugt durch winzige Partikel eines Eisenoxids namens Magnetit, die zu Dauermagneten werden können und denen verschiedene Spezies angeblich ihre Navigationsfähigkeit verdanken. Aber ist Magnetit nicht einfach nur ein weiterer Kompass, der die Flavoproteinversion ergänzt? Mag sein, aber es wäre auch denkbar, dass Magnetit die *Stärke* des Magnetfelds erkennen kann, während die Flavoproteine die *Richtung* weisen. Beides zusammen, dazu vielleicht noch ein Gedächtnis für Landmarken, Sternkonstellationen oder Gerüche, und schon hat der Vogel ein integriertes Navigationssystem (falls er die Reise bereits einmal gemacht hat; den Jungvögeln, die zum ersten Mal nach Afrika reisen, bringt das nichts).

So etwas lässt sich natürlich leicht postulieren. Aber es ist verdammt schwer zu beweisen. Ich glaube, die aufschlussreichsten Hinweise stammen aus zwei Quellen.

Erstere befasst sich mit der Anpassung der Fluggeschwindigkeit von Mauerseglern bei Gegen- und Rückenwinden.[52] Die Formeln der Luftfahrtingenieure besagen, dass ein Vogel, der möglichst ökonomisch fliegen will, seine Fluggeschwindigkeit bei Gegenwind erhöhen und bei Rückenwind verringern sollte. Auch ist es rein rechnerisch gesehen für einen Zugvogel sinnvoll, sich vom Wind ein bisschen von der Route wegdriften zu lassen, wenn er noch weit von seinem Ziel entfernt ist; nähert er sich jedoch bereits dem Ziel, muss er diese Abweichung kompensieren oder sogar überkompensieren.

Mauersegler, die nachts unterwegs sind, gleichen weder Gegen- noch Rückenwind aus, reagieren jedoch auf Seitenwind, indem sie mehr in den Wind fliegen, um ihren Kurs beizubehalten. Warum? Das ist ziemlich seltsam. Ich würde gerne glauben, dass sich Mauersegler nun mal nicht um mathematische Gleichungen zu scheren brauchen; dass sie und nicht die Ingenieure über den Himmel herrschen und die Gleichungen mit ihren kurzen schwarzen Schnäbeln nach Belieben umschreiben können – eben dass sie, als gottgleiche Vögel, mit der Newton'schen Mechanik verdammt noch mal machen können, was sie wollen.

Andere Leute flüchten sich nicht ganz so schnell ins Mystische. Einige von ihnen haben beispielsweise festgestellt, dass die nächtlichen Wanderungen in der Regel in großer Höhe stattfinden (über 900 Meter). Könnte dies etwas mit dem seltsamen Verhalten der Mauersegler zu tun haben? Möglicherweise. Ihre Kompensation der

Winddrift legt nahe, dass sie visuelle Anhaltspunkte zur Orientierung nutzen, was bedeuten könnte, dass die schiere Höhe eine Anpassung ihrer Geschwindigkeit verhindert. Diese Mutmaßung wird durch Beobachtungen von Mauerseglern gestützt, die bei Tag fliegen – denn dann passen sie ihre Fluggeschwindigkeit sehr wohl an. Die Antwort könnte also lauten, dass die Anpassung vom optischen Fluss – der scheinbaren Bewegung von Objekten zueinander – abhängt. In großer Höhe funktioniert die Auflösung des optischen Flusses (abhängig von der scheinbaren Bewegung des Landes tief unter dem sich fortbewegenden Mauersegler) einfach nicht mehr gut genug, um in der Nacht eine Anpassung zu ermöglichen, während sie bei Tageslicht funktioniert.

Das zweite, einigermaßen verlässliche Anzeichen für solch einen Mechanismus stammt aus der Beobachtung anderer Zugvögel. Das Magnetfeld der Erde ist nicht überall gleich. Es gibt viele Anomalien, bedingt etwa durch große Eisenerzvorkommen. Zugvögel fliegen in diesen anormalen Gebieten oft viel näher am Boden. Es scheint, als würden sie sonst einen Magnetsinn benutzen, der aber in anormalen Gebieten versagt, sodass sie auf ein anderes Navigationssystem umsteigen müssen.

Fasst man diese Beobachtungen zusammen, scheint es plausibel, dass der Mauersegler seine Kompasspeilung (die sich vielleicht als Kribbeln im Schnabel oder in den Augen äußert) an Sternen, dem Mond, einem entfernten Felsen oder einer Rauchfahne aus Fabrikschornsteinen ausrichtet und sich dann für die Navigation vor allem auf seine Augen verlässt. Oder vielleicht kalibriert die auf- und untergehende Sonne, verbunden mit einem in seinem Inneren tickenden Chronometer, seinen Kompass, der –

außer über eisenhaltigen Bergen – dazu dient, den Vogel an sein Ziel zu bringen.

Ich habe mich jahrelang in die Literatur über Vogelnavigation vertieft. Zwar bin ich selbst kein Experte, aber ich habe einige der weltweit renommiertesten Experten dazu befragt. Doch jede vermeintliche Antwort wirft weitere Fragen auf. Und je erfahrener die Experten sind, desto größer ist (wie so oft im Leben) ihre Unsicherheit.

Es ist also ganz einfach: Wir wissen schlicht nicht, wie sie es anstellen.

Immerhin wissen wir allerdings, wie schnell sie fliegen und welche Routen sie nehmen. Das haben uns winzige lichtempfindliche Geolokatoren verraten, die man den Mauerseglern umgeschnallt hatte, auch kleinste Sender mit GPS-Funktion wurden eingesetzt.[53]

Von dem Moment an, in dem sie nach Norden ziehen, bis zu ihrem Eintreffen am Himmel über Schweden (die derzeit maßgebliche Studie bezieht sich auf in Schweden brütende Mauersegler) dauert ihre Frühjahrswanderung insgesamt durchschnittlich 29 Tage (die Spanne reicht von 18 bis 34 Tage).[54] Dabei legen sie im Durchschnitt deutlich mehr als 300 Kilometer pro Tag zurück – wobei einberechnet ist, dass etwa 27 Prozent der Zeit bei Zwischenstopps verbracht wird. Der schnellste schwedische Mauersegler legte 650 Kilometer pro Tag zurück.

Allerdings unterscheidet sich die Geschwindigkeit je nach überflogenem Gebiet. Obwohl der Zug nach Norden da bereits begonnen hat, ist das Tempo bis Liberia nicht so mörderisch. Von Liberia an ändert sich das jedoch. Ein »britischer« Mauersegler hat die 5000 Kilometer lange Strecke von Liberia in fünf Tagen zurückgelegt – das macht 1000 Kilometer pro Tag.[55] Radarmessungen bei Mauerseglern, die im Frühjahr unterwegs nach Schweden waren, zeigten eine Geschwindigkeit von etwa 10,7 Metern pro Sekunde[56] – was, wenn dieses Tempo 24 Stunden lang beibehalten wurde, weit über 900 Kilometer am Tag wären.

Es sieht aus, als wäre der Golf von Guinea der Eingang ins Stadion, und sie wären gemächlich dorthin geschlendert, hätten bis dahin auf ihre Ernährung geachtet, mittels Carboloading ihre Glykogenspeicher aufgefüllt und sich aufgewärmt. Über Liberia hocken sie dann auf den Startblöcken, bereit für den Abflug.

Ich bin mir nicht so sicher, ob sie über Liberia lediglich eine Tankpause einlegen. Ja, es gibt dort eine Menge Insekten, aber nur nach den Regenfällen Mitte April – zu diesem Zeitpunkt sind jedoch viele europäische Mauersegler bereits in Europa eingetroffen. Und sie scheinen vor der großen Reise auch nicht groß an Gewicht zuzulegen. Fünf Mauersegler, die man kurz nach ihrer Ankunft in der Brutkolonie fing, wogen nur 0,7 Gramm weniger als bei ihrem Abflug im Herbst.[57] Zugegeben, die Herbstmigration ist eine gemächlichere Angelegenheit als der Frühjahrszug, es gibt mehr Zwischenaufenthalte, und so ist es vielleicht nicht ganz so lebenswichtig, sich vorher vollzufressen. Dennoch kann man sich schwerlich vorstellen, dass die Vögel trotz des mit Insekten überreich bestückten Füllhorns Zentralafrikas so viel Kondition verloren haben sollen, dass sie in den Tagen über Liberia gezwungen sind, unglaubliche Mengen in sich hineinzustopfen. Ja, die Reise in den Norden ist anstrengend, aber wenn es ein Mauersegler in fünf Tagen bis nach London schafft, kann es da bei dem außergewöhnlichen Spektakel in Liberia wirklich nur um die

Kalorienaufnahme gehen? Ein Abschied von zu Hause ist immer schmerzhaft, egal wie sinnvoll es aus thermodynamischer Sicht sein mag, sich loszureißen. Und Afrika ist für die Mauersegler mehr Heimat als jede andere Landmasse. Vielleicht nehmen sie in Liberia tränenreich Abschied?

Ich finde es schwer genug, von einer britischen Ringstraße eingepfercht zu leben. Wie müssen sich da die Mauersegler fühlen, wenn sie den afrikanischen Himmel gegen drei Monate Sklaverei für ein paar laut bettelnde, aufgerissene Schnäbel in einer Art Kochkiste eintauschen? Afrika ist für Mauersegler ein kosmopolitischer Ort, ein Treffpunkt mit Artgenossen aus aller Welt. In Oxford werden sie mit ihrer Familie zusammen sein. Gemütlich, das schon, aber auch in einer angespannten und stickigen Atmosphäre.

Ein anderer, eher prosaischer Faktor ist zweifellos der Wind. Die Mauersegler, die ihre Frühjahrsreise gen Norden von Liberia aus starten, bekommen in der Regel viel Unterstützung durch Rückenwind, wie sie es normalerweise auch aus dem weiter südlichen Afrika kennen. So beeindruckend ihre Geschwindigkeit und ihre Ausdauer auch sein mögen, sie erreichen Oxford oder Stockholm viel schneller, wenn sie den Strom der Lüfte nutzen, anstatt gegen ihn zu schwimmen.

Sehr wahrscheinlich sind sie mit Rückenwind aus Zentralafrika nach Liberia geflogen, wobei sie sich hoch über die dunklen Wälder geschraubt haben, um die in großer Höhe stärkeren Luftströme zu nutzen. Von Liberia bis nach ihrer Überquerung des Mittelmeers haben sie vermutlich in den meisten Höhenlagen günstige Winde. Trotzdem gehen sie natürlich besser auf Nummer sicher.

Über dem Golf von Guinea steigen sie morgens und abends auf, höher und immer höher, bis sie außer Sichtweite sind. Das *könnte* etwas mit dem Wetter und insbesondere mit dem Wind zu tun haben.

Inzwischen weiß man, dass sie das das ganze Jahr über tun und wo immer sie auch sind – außer sie brüten gerade. Diese Steigflüge in der Dämmerung haben wahrscheinlich mehr zur Mauersegler-Poesie beigetragen als irgendein anderes ihrer Verhaltensmuster. Was machen sie da oben, in der dünnen Luft?

Um die diesbezügliche Debatte zu verstehen, muss man wissen, dass die Architektur des Himmels so komplex ist wie die des Meeres und dass auch der Himmel Gezeiten hat. Er besteht aus mehreren Schichten, ähnlich den Lagen eines Sperrholz-Couchtischs. Ein Couchtisch mit Gezeiten – Ebbe und Flut sowohl entlang der jeweiligen Lagen als auch kreuz und quer über sie hinweg –, ach, was brauchen wir doch für schrecklich schiefe Vergleiche und plumpe Metaphern, um zu erkennen, wie jämmerlich schlecht sich der Himmel mit unseren Worten einfangen lässt. Die Gezeiten und die Schichten haben für die durch den Himmel schwimmenden Vögel große Bedeutung, insbesondere für solche, die sich von den neben ihnen schwimmenden Insekten ernähren.

Tagsüber steigt die bodennächste Luftschicht in Blasen auf, während Konvektionsströmungen sie durchkreuzen, was die Turbulenzen erzeugt, die Sie durchrütteln, wenn Ihr Flugzeug an einem heißen Nachmittag zur Landung ansetzt. Mit Anbruch der Abenddämmerung und im Lauf der Nacht kippt der Himmel, sodass die Strömungen in der Morgendämmerung parallel zum Boden verlaufen. Während des Vormittags kippt der Himmel dann wieder zurück. Er dreht sich also um die zwei Angelpunkte Morgen- und Abenddämmerung. Will man sein wahrscheinliches Verhalten voraussagen, sollte man Messungen zu diesen Zeiten durchführen. Auch lässt sich das Temperaturgefälle untersuchen, wenn man zu diesen Schlüsselzeiten aufsteigt, was von Bedeutung sein kann, um eine möglichst erfolgreiche Insektenjagd zu planen. Außerdem ermöglicht die Höhe eine bessere Sicht auf entfernte Wettersysteme.

300 Meter über der Erde sieht man Gewitterwolken in einer Höhe von 10 000 Metern über den Himmel ziehen, die ansonsten fast 60 Kilometer hinter dem Horizont verborgen wären. Steigt man auf 1800 Meter auf, vergrößert sich auch der sichtbare Horizont auf etwa 160 Kilometer.[58] Das ist ein Unterschied, der sich nicht nur auf den Speiseplan auswirkt, sondern überlebenswichtig sein kann.[59] Auch ändert sich die Lichtqualität – so wie die Wellenlänge des Lichts, das die Tiefen des Meeres durchdringt, je nach der Algenmenge im Wasser variiert. An den beiden Angelpunkten Morgen- und Abenddämmerung sind die Polarisationsmuster des Sonnenlichts am stärksten ausgeprägt, sodass die Position der Sonne selbst bei einer hohen, dichten Wolkenschicht noch zu erkennen ist. Wenn man sich auf so einen Kompass verlässt, wie ihn die Mauersegler wahrscheinlich nutzen, ist es unerlässlich, ihn zweimal täglich mit Ausrichtung auf die Sonne neu zu kalibrieren. Außerdem scheint der wie auch immer geartete Sensor zum Aufspüren des Erdmagnetfeldes vom Licht abhängig zu sein und in der Dämmerung besonders empfindlich zu reagieren.

Untersuchungen zu Alpenseglern geben jedoch Anlass zu Zweifel an der Hypothese, dass es den Mauerseglern um Messungen und Kalibrierung geht. Auch Alpensegler steigen in der Dämmerung auf, allerdings doppelt so oft am Morgen wie am Abend. Und beim Überwintern in Afrika absolvieren sie doppelt so viele Steigflüge wie zu jeder anderen Zeit, einschließlich der Migration. Wenn aber die Aufstiege für ihre Orientierung wichtig sind, wäre dann nicht zu erwarten, dass sie während des Vogelzugs *häufiger* stattfinden als im Winterquartier? Zudem unternehmen sie ihre Steigflüge hauptsächlich bei stabilen atmosphärischen Bedingungen. Wäre es nicht naheliegend, dass Messungen vor allem bei instabilen Wetterlagen wichtig sind? Auch neigen Alpensegler in der Dämmerung zu einem hektischeren Flatterflug, egal ob sie aufsteigen oder nicht. Da sie besonders eifrig flattern, wenn sie mit anderen Vögeln zusammentreffen, könnte dies darauf hinweisen (und zwar, wie manche vermuten, sowohl für die Alpensegler als auch für die Mauersegler), dass es bei den Steigflügen in der Dämmerung vor allem darum geht, Beziehungen zueinander aufzubauen?[60]

Doch diese Einwände überzeugen mich nicht. In meteorologischer Hinsicht ist der Winter in Afrika oft ziemlich unruhig. Tropenstürme können rasend schnell dahinfegen und eine Spur der Verwüstung hinterlassen. So etwas wie eine stabile Atmosphäre gibt es in Zentralafrika nicht. Und da ein Großteil ihrer Migration in großer Höhe stattfindet, müssen die Mauersegler ihren Kompass vielleicht gar nicht jeden Morgen und jeden Abend neu kalibrieren: Sie verbringen ja viele Stunden hoch droben, wo sich das gut erledigen lässt. Was mich jedoch am skeptischsten macht, ist die Tatsache, dass die Aufstiege der Mauersegler in der Morgendämmerung und in der Abenddämmerung exakt zum gleichen Zeitpunkt stattfinden, wenn man sie in Relation zum Sonnenaufgang beziehungsweise zum Sonnenuntergang setzt. Deutet das nicht stark darauf hin, dass sie bei diesen Aufstiegen Anhaltspunkte gewinnen wollen, die irgendetwas mit der Sonne zu tun haben?

Wie auch immer sich ihr Tun dort droben über dem Golf von Guinea physikalisch erklären lässt: Sie warten, sie steigen auf, sie kreisen. Sie schmecken den Wind und beobachten die Wolken. Sie spüren, wie ihr Unterleib anschwillt. Und dann, einem plötzlichen Entschluss folgend, stürmen sie los.

Nicht immer ist der kürzeste Weg auch der beste. Die Route, die die in Schweden brütenden Mauersegler nehmen, ist 43 Prozent länger als die Luftlinie. Dabei fliegen sie im Frühjahr so rasch von Liberia gen Norden, dass es unterwegs wahrscheinlich nicht besonders wichtig ist zu fressen – was es bis dorthin allerdings war. Das heißt, sie machen diese Umwege im Frühjahr vor allem, um stets den besten Wind zu erwischen.

Wie Tausende Generationen vor ihnen führt sie ihr Weg über den Golf von Guinea; sie blicken hinunter auf die Tanker und Containerschiffe, die sich durch die Dünung bohren, auf die Brandung an den Küsten von Sierra Leone, Guinea, Guinea-Bissau, Senegal, Gambia und Mauretanien – Brecher, die vielleicht vom Bug des Schiffes erzeugt wurden, das einst diesen Sklavenhändler von Lissabon nach Mosambik brachte und die seither quer über den Atlantik hin und her geschleudert werden und an den Küsten abprallen wie Billardkugeln an der Bande. Manchmal fliegen die Vögel über Land und sacken in die Löcher, die entstehen, wo das braune Land die Luft zu sich nach unten zieht, oder werden nach oben geschleudert, wenn pulsierende thermische Pilze aus den Wäldern sprießen.

»Wie ist das?«, frage ich meinen Freund Mark, einen Airbus-Testpiloten, der schon oft die Route der Mauersegler geflogen ist.

»Der erste Teil der Reise von Westafrika aus ist beängstigend«, sagt er. »Über dem Dschungel kochen gewaltige Konvektionsströmungen hoch.« Morgens beginnt der Wald zu moussieren: Von unten wird Energie in die Atmosphäre gepumpt, und es brauen sich Stürme zusammen. »Sie sind tödlich«, sagt Mark. »Wir umgehen sie mithilfe von Vorhersagen, Satellitenbildern und Radar.«

Aber was ist mit den Mauerseglern? Der elektrisch aufgeladene Himmel lässt die winzigen Fadenfedern am Ende der größeren Federn steif werden und sirren. So hören sie das Gewittergrollen der plateauartigen Cumulonimbus-Wolken aus vielen Kilometern Entfernung und stieben davon, bevor sie in die Baumkronen des Waldes geklatscht und zerschmettert werden.

Die Wüste ist anders, sagt Mark. Zwar gibt es die Auf- und Abwinde auch dort, aber sie sind weniger angsteinflößend als über dem Wald, und wenn man aufsteigt (was die Mauersegler in dieser Phase ihres Vogelzugs oft tun), flauen die Winde ab. In niedrigeren Höhen ist die Sicht häufig schlecht – da von Staub und Sand getrübt –, aber hoch oben und vor allem nachts ist sie oft hervorragend. Das kalte Land kühlt die Luft von unten ab, die Konvektion wird schwächer, und der Himmel ist wieder seinen regelmäßigen Strömungen überlassen.

Für die meisten von uns ist es hier nachts unten hell, und wir blicken in einen dunklen Himmel. In der Sahara ist es umgekehrt: Dort ist es unten dunkel, abgesehen vom Licht der einen oder anderen Siedlung und den flackernden Pünktchen der Nomadenfeuer, oben aber ergießt sich ein Überschwang an Licht über die gesamte Kuppel des sichtbaren Alls. Die Erde hat aufgehört zu sein. Es gibt nichts mehr unter den Mauersegler-Füßen mit den seltsamen Zehen, die sie jetzt unters Federkleid gesteckt haben, damit sie warm bleiben. Die Realität ist *oben.*

»Nach vielen staubigen und bedrückenden Kilometern erscheint einem das Mittelmeer geradezu als paradiesisch«, erzählt Mark. »Wenn man sich von Süden her nähert, ist es lange Zeit vom Atlasgebirge verdeckt – und dann ist es plötzlich da, ein glänzendes Band aus Blau und Gold am Tag, ein Neonstreifen in der Nacht.« Schlagartig sind auch die Winde wieder schwerer zu meistern. Oft hat man Gegenwind aus Norden, mit Cumuluswolken, denen man ausweichen oder die man durchtauchen muss. Von da an wird die Reise wahrscheinlich schwieriger.

Für uns ist das Mittelmeer gemeinhin ein heiteres, freundliches, kontrollierbares und erholsames Meer. Segler wissen es besser. Nicht ohne Grund wird Poseidon, der Erderschütterer, der seinen Palast unter dem Mittelmeer hat, niemals lächelnd dargestellt. Er ist für seine Launenhaftigkeit ebenso berüchtigt wie für seinen starken Arm.

Und so hat sich einmal Anfang April Folgendes zugetragen:

Die Vorortgärten von Athen waren voller zitternder und teils verletzter Fliegenschnäpper. Im Süden und in der Mitte Griechenlands kauerten Zehntausende von Mehl- und Rauchschwalben auf Dächern, Balkonen und den

Straßen, zu ausgekühlt und zu müde, um sich zu bewegen. Mauersegler drängten sich zu Tausenden in Lüftungsschächten und unter Ziegeln. Oder sie hingen in Trauben an Drähten wie Bienenschwärme, der erste kopfüber wie eine Fledermaus, und die anderen klammerten sich an ihn und aneinander, gruben ihre Krallen in die nassen Federn ihrer Nachbarn.

Sie alle hatte ein eisiger, tückischer Nordwind über den Kykladen erwischt und zur Landung an der Ostküste des griechischen Festlands gezwungen. Fast alle waren dem Tod geweiht. In diesem Sommer war es stiller auf dem Balkan und in Osteuropa.

Ich kann verstehen, dass Poseidon Odysseus hasste, aber was hat er gegen Mauersegler und Schwalben? Vielleicht hätte er nicht das Gefühl gehabt, sie für ihre Hybris strafen zu müssen, wenn sie nicht solche Meister der Lüfte wären?

Ich bleibe eine Weile in Spanien und blicke weiterhin nach oben und hinaus aufs Meer. Den drei Mauerseglern folgten am nächsten Tag ein paar wenige nach, dann wurde aus dem Tröpfeln ein Schwall und aus dem Schwall eine Flut. Jetzt wird es Zeit, nach Oxford zurückzukehren und ihnen den roten Teppich auszurollen.

Ich buche einen Fensterplatz, wie ich es immer tue, damit ich vom Flugzeug aus sehen kann, was *sie* sehen. Aber es erinnert mich dann doch nur daran, um wie viel lebendiger sie sind. Ich sitze eingepfercht in einer dröhnenden Metallröhre voller Fürze in Richtung Heathrow. Sollte das Flugzeug umdrehen und nach Süden fliegen, wäre ich bereits in Timbuktu, ehe ich auch nur Verdacht schöpfen würde, dass wir vielleicht in die falsche Richtung fliegen. Und wenn ich von Gibraltar nach Hause laufen würde, dann würden mich die Leute für einen homerischen Helden oder für verrückt halten.

Als ich aus dem Flugzeug steige, ist es mir peinlich, daran zu denken, dass *sie* bald hier eintreffen werden. Ich möchte es ihnen hier gern hübsch machen – aber dafür müsste ich England niederreißen. Im Bus auf dem M40-Motorway winde ich mich vor Scham. Ich würde keine Käfer essen wollen, die hier am Straßenrand geschlüpft sind. Können wir ihnen nichts Besseres bieten? Es wäre zwar ein großes persönliches Opfer für mich – aber kann ich ihnen nicht irgendwie sagen, dass es ihnen in Norwegen oder auf dem Peloponnes besser ginge, oder wenn sie unbedingt hier sein müssen, dann wenigstens in Snowdonia oder den West Highlands?

»Kommt nicht. Bitte kommt nicht«, bete ich – offenbar nicht lautlos, wie ich aus den Blicken um mich herum schließe. Und gleichzeitig frage ich mich, was aus mir wird, wenn sie es tatsächlich nicht tun.

Irgendwann zwischen Ende April und dem 10. Mai verlassen die niederländischen Mauersegler Westafrika. Nun gibt es in Afrika bis Juni keine Mauersegler mehr, dann kehren die israelischen Mauersegler allmählich zurück.

5th May swift roosting 10.37pm 15C

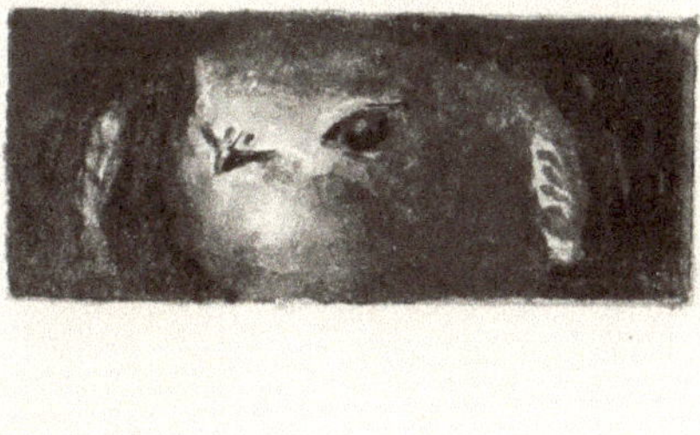

6th May 8.30am swift about to leave nest box

Mai

Mein Gebet wurde erhört. Sie kommen nicht. Meine Zehen können sich entspannen.

Aus ganz Europa schreiben mir Freunde frohlockende E-Mails. »They're here!« – »Ils sont arrivés!«

»Εχουν φτάσει!« – »Ellos han llegado!« – »Sono arrivati!« – »Eles chegaram!« – »Vardilar!« – »Sie sind angekommen!« – »Iritsi dira!« – »Han arribbat!« – »Dorazli!« Immer mit Ausrufezeichen, weil Worte allein nicht reichen. Und immer erst in ihrer Muttersprache, ehe sie für die näheren Details ins Englische wechseln, als wollten sie die Mauersegler in der Sprache, die die Vögel in den nächsten drei Monaten hören werden, für sich beanspruchen: als Bekräftigung, dass die Mauersegler wirklich da sind, dass sie für eine Weile tschechische, katalanische oder griechische Vögel sind.

Der Rest der Nachrichten fällt immer ziemlich gleich aus: Dankbarkeit (auch wenn selten klar ist, wem gegenüber) und Erleichterung; die exakte Ankunftszeit; die Anzahl der Vögel; Berichte über die Lage anderswo im Land; große Hoffnungen auf Nachwuchs; Sorgen wegen der Wettervorhersagen und was sie für die Insektenausbeute bedeuten könnten, sowie in den Mails der Mauersegler-Profis ein unschöner Unterton von Selbstgefälligkeit. Ihre Tonaufnahmen von Mauersegler-Schreien dröhnen bereits aus dem Schlafzimmer im oberen Stockwerk, um die Vögel zu den Luxus-Nistkästen zu locken, die im März unter Gefahr für Leib und Leben angebracht worden sind.

Aber hier: nichts. Ein beruhigend stiller Himmel. Ich brauche mich ihnen gegenüber nicht zu entschuldigen, muss nicht verlegen von einem Bein aufs andere treten, wenn sie fressen, weil ich weiß, dass sie im Taygetos-Gebirge weit bessere Kost bekommen würden. Ich muss auch nicht beschämt nach oben blicken, wenn sie zwischen den Reihenhäusern herumkreischen, weil ich weiß, dass sie besser in einem Dorf irgendwo bei Lucca kreischen sollten.

Ich komme schon klar. Ich werde sie ja am Peloponnes und in der Toskana wiedersehen, und sie werden mich ebenfalls sehen und mir dankbar sein für die exquisiten Insekten dort und die warmen Höhlen in den mittelalterlichen Mauern, anstatt mir zu grollen, dass es sie hierher verschlagen hat, fast schon an den Rand der Mauersegler-Welt, wo es dunkel und feucht ist und muffig riecht. Vor allem aber bleibt mir die Trostlosigkeit erspart, wenn sie wieder fortziehen – die Leere und die Panik, wenn man aufwacht und merkt, dass irgendetwas nicht stimmt, bis einem schlagartig klar wird, was es ist: das »Wiiiiiih« von draußen ist nicht mehr da.

Der Sommer wird großartig werden. Ich werde die Mauersegler erleben, aber wann und wo, das werde ich selbst bestimmen. Würden wir in Island leben, könnte ich das jeden Sommer haben. Vielleicht ziehen wir dorthin.

Ein paar Tage später sitze ich in der Küche und lese die *Saga von Brennu-Njáll*, als oben ein Mordslärm ertönt und Jonny, unser Neunjähriger, schreiend die Treppe herunterpoltert. Anfangs verstehe ich nicht, was er sagen will. Wahrscheinlich ist im Bürgerkrieg mit seiner Schwester eine neue Front eröffnet worden. Aber jetzt ist er hier unten und keucht atemlos: »Sie sind …«

»Ja, Jonny?«

»Sie sind …«

»Wer? Was?«

»Sie sind … da!«

Er packt mich an der Hand und zerrt mich nach draußen. Tatsächlich, sie sind da, weit, weit oben, aber unverkennbar, denn Mauersegler sind mehr sie selbst als irgendetwas sonst auf oder über der Erde.

Vielleicht hat ihnen Liberia eine unwiderstehliche Fülle an fliegenden Spinnen kredenzt, als sie gerade aufbrechen wollten. Oder sie rechneten mit einem Rückenwind aus der Sahara, der nicht kam. Oder sie stiegen in den Windsäulen des Atlas zu hoch hinauf, schauten zurück nach Afrika und überlegten sich die ganze Sache mit der Migration noch mal. Vielleicht stießen sie auch vor Gibraltar auf eine Sturmbö, trödelten in den tiefen, kühlen Tälern der Pyrenäen herum, mühten sich durch Schlagregen in der Biskaya oder warfen lange, neidische Blicke auf die Giebelwand eines Bauernhofs in Norddevon.

Aber sie sind hierher zurückgekommen, denn groteskerweise betrachten sie unsere triste Straße in einem begrenzten Sinn als ihre Heimat. Hier hat ihr Leben begonnen, und die Anfänge prägen den weiteren Lauf der Dinge. Durch diese Anfänge sind alle folgenden Geschlechter dazu verdammt, dies als Heimat zu betrachten; sie verzichten auf eine Mauerritze über einem nach Gewürzen duftenden Suk in Anatolien, auf eine Marmorhöhle unter einem korinthischen Architrav in Sizilien, auf eine verlassene transsilvanische Bergfestung und eine Grotte in einer mittelalterlichen Villa bei Neapel, wo sie aus den Blättern einer Bibel aus dem 17. Jahrhundert, die in einer Scheune vor sich hin modert, ein Nest hätten bauen können. Es ist Wahnsinn, dass sie sich stattdessen innerhalb der Oxforder Umgehungsstraße einpferchen und sich für ein Nest aus verkackten Taubenfedern entscheiden, die sie in der Abluft einer Supermarkt-Klimaanlage sammeln.

Ihre lange, einstmals clevere Liaison mit den Menschen scheint jetzt nicht mehr so vorteilhaft zu sein. Bevor die Menschen Häuser gebaut haben – was gar nicht so lange zurückliegt –, müssen die Mauersegler in Felsspalten und Baumhöhlen genistet haben, wie sie es in seltenen Fällen auch heute noch tun. Doch dann knüpften sie ihr Schicksal an das unsere.

Einer der frühesten Belege für menschliche Besiedlung in England ist Boxgrove in Sussex. Die dortigen Ausgrabungen sind etwa eine halbe Million Jahre alt. Die Siedlung war übersät mit den rudimentären Steinwerkzeugen jener Zeit und mit Tierknochen. Unter diesen befanden sich auch Knochen von Mauerseglern.[61] Das bedeutet nicht, dass die Mauersegler ihre Nester in den menschlichen Behausungen gebaut haben, wie sie es heute unter unseren Vordächern tun. Allerdings vermutet man, sie hätten in den nahe gelegenen Klippen genistet und über dem Meer nach Nahrung gesucht. Es gibt guten Grund zu der Annahme, dass Menschen und Mauersegler im späteiszeitlichen Surrey, in der Toskana um 700 vor Christus, im römischen Winterbourne, im mittelalterlichen Oxfordshire und in der Kathedrale von Canterbury zusammenlebten.

Mauersegler und Mensch kamen eine ganze Weile prächtig miteinander aus. Für in Baumhöhlen lebende Tiere brachen schlechte Zeiten an, als der Mensch die Wälder niederbrannte, um Platz für Getreidefelder, Siedlungen und Vieh zu schaffen, oder sie abholzte, weil er Material für Häuser und Schiffe brauchte. Aber dafür wuchs die Anzahl der menschengemachten Löcher enorm, und so wuchsen auch die Mauersegler-Populationen.

Doch eine Ehe ist ein Wagnis, und die Ehe zwischen Mauersegler und Mensch droht in die Brüche zu gehen. Die *Royal Society for the Protection of Birds* und der *British Trust for Ornithology* – die beiden größten britischen Organisationen für die Erforschung und den Schutz von Wildvögeln – schätzen, dass die Zahl der Mauersegler im Vereinigten Königreich zwischen 2008 und 2018 um 41 Prozent gesunken ist.[62] In China ist sie seit Mitte der 1980er-Jahre um 60 Prozent zurückgegangen.[63]

Dafür gibt es zweifellos vielerlei Gründe. Eine Landwirtschaft, die auf totgespritzte und chemisch aufbereitete Monokulturen setzt, macht den Insekten das Überleben schwer. Einen Großteil der verbliebenen Insekten vergiften wir, und die robusteren Überlebenden tragen toxische Rückstände dieser Gifte in sich, die sich wiederum im Organismus derer anreichern, die sie fressen. Wegen der Auswirkungen des Klimawandels können sich die Mauersegler nicht mehr darauf verlassen, dass ihnen warme und relativ trockene Sommer in Europa genug Biomasse liefern, um ihre Jungen großzuziehen. Das ganze Jahr über kommt es – auch und gerade während der Migrationen – zu wechselhaften und oft extremen Wetterlagen. Wahrscheinlich noch fataler als diese Hürden (die ja viele Spezies betreffen) ist unser pathologischer Ordnungssinn. Wir mögen nun mal keine Löcher in unseren Wohnhäusern und Bürogebäuden. Und das macht den Mauerseglern ganz besonders zu schaffen.

Im Neolithikum haben wir begonnen, die Welt zu zerstückeln. Wir zogen Mauern hoch, um Dinge und Wesen voneinander zu trennen, die früher zu einem Ganzen gehörten. Hinter solche Mauern sperrten wir manchmal Tiere, die wir einst als unsere beseelten Cousins und Cousinen betrachtet hatten, und manchmal auch uns selbst. In etlichen dieser neolithischen Mauern – die tatsächlich Symptome eines katastrophalen Kontrollwahns sind, der uns seitdem beherrscht und ruiniert – lebten Mauersegler. Wenn man sich entscheidet, sein Zuhause in der Stein gewordenen Manifestation einer Krankheit einzurichten, kann das auf Dauer wohl nicht gut gehen.

»Willst du immer noch in Island wohnen, Daddy?«, möchte Jonny wissen. Diese Frage treibt ihn um.

»Natürlich nicht«, erwidere ich, obwohl ich mir, ehrlich gesagt, nicht so sicher bin. Ich bin ein ausgesprochen neolithischer Mensch, und es beunruhigt mich, wenn sich etwas in der Wildnis nicht einhegen lässt; wenn irgendetwas in der Welt wirklich wild ist; wenn es nicht aufs Stichwort hin auftaucht und verschwindet – auf mein Stichwort hin. Und ich bin auch nicht gut darin, mit der alljährlichen emotionalen Achterbahnfahrt umzugehen: Kommen sie? Kommen sie nicht? Wann? Wo? Ich kann mir nicht antrainieren, mich nicht darum zu scheren, und das ist, wie jede Schwachstelle, schmerzhaft und kräftezehrend. Wenn ich nicht wüsste, dass es genauso verhängnisvoll ist, keine Schwachstellen zu haben, würde ich wahrscheinlich nach Island ziehen. Oder nach Argentinien. Oder Neuseeland. Irgendwohin, wo es keine Mauersegler gibt.

Sie sind da, und ich muss das Beste daraus machen. Ich muss mit diesem Hochgefühl zurechtkommen, mit der lodernden Leidenschaft, die mir abartig erscheint, und ebenso mit der schwelenden Angst vor einem drohenden Verlust, die mich mit jedem Sommertag ein bisschen mehr verzehren wird. Im Moment funktioniert die Welt noch, sie ist mehr oder weniger die alte geblieben, und ich muss meine alten und untauglichen Methoden, ihr Funktionieren zu verstehen, wieder aus der Mottenkiste packen und zum Einsatz bringen.

»Finden Sie sich damit ab«, ermahnt mich ein forscher, prosaischer Nachbar. »Sehen Sie den Tatsachen ins Auge. Manche Vögel kommen aus Afrika, schön. Es sind hübsche Vögel, wir beobachten sie gern. Sie fressen, ficken, ziehen ihre Jungen groß, verschwinden, kommen zurück, und das Ganze geht von vorne los, immer und immer wieder. Ende der Geschichte.«

Ja, ja, Ende der Geschichte, mag sein. Sofern eine Geschichte jemals zu Ende ist. Was aber nicht der Fall ist.

In mein Leben flogen sie zum ersten Mal an genau diesem Tag im Mai, als ich acht Jahre alt war. Ich saß auf einem Feld in Yorkshire und zählte die Mehlschwalben, um wie an jedem Tag ihre Anzahl in mein Natur-Tagebuch einzutragen – denn ich war als Kind ebenso neolithisch wie später als Erwachsener: Alles musste kartografiert, kategorisiert und eingeordnet sein. Ich dachte, zu messen bedeutet zu verstehen.

Dann war da, oberhalb der Mehlschwalben, noch etwas anderes – etwas, so dachte ich mir, was »aus gänzlich anderem Holz geschnitzt war« (den Ausdruck hatte ich aus einem Buch aus dem 19. Jahrhundert, das von den Taten tollkühner Piraten erzählte). Tatsächlich schienen sie aus Geschützmetall zu bestehen, nicht aus Fleisch und Federn. Was mir an Wörtern in den Sinn kam, als ich diese Wesen zu beschreiben versuchte, waren martialische Begriffe, wie man sie in Gedichten über Mauersegler zuhauf findet: Sie schneiden, schlitzen, stoßen herab, schlagen zu.

Ihre Erscheinung war Furcht einflößend. Gewiss ließen sie sich von nichts und niemandem beirren und schon gar nicht töten. Ich sah, wie die Schwalben sich der Luft fügen mussten, ihre Bewegungen nach ihr ausrichteten. Ich sah, wie ihre Flügel bei Wendemanövern vor Anstrengung zitterten, ihre Brustfedern sich kräuselten. Die Mauersegler hingegen waren die Herrscher des Himmels, unumschränkt, unvergleichlich und für den kleinen aufgeregten Jungen auf dem Feld berauschend.

Das Ganze hätte eine schlimme Wendung nehmen können. Dank der Mauersegler hätte ich eine Fixierung auf Waffen und Macht entwickeln können. Die Mauersegler hätten aus mir einen Faschisten machen können. Man sollte allen Leuten das Beobachten von Mauerseglern verbieten, solange sie keine gründliche geschichtliche und politische Bildung genossen haben.

Noch im Lauf jenes Sommers entkam ich dem Faschismus. Mein Hobby war die Taxidermie, die Tierpräparation. Mein Taschengeld ging für Glasaugen und Formalin drauf, und ich besaß eine sich rasch vergrößernde Sammlung von schlecht ausgestopften Tieren und in Marmeladengläser eingelegten Dingen. Wann immer es an der Tür klingelte, war es wahrscheinlich ein Kind, das einen Tierkadaver brachte. Und so auch an jenem Julitag.

Die Papiertüte der Bäckerei Fletchers aus Sheffield enthielt den Kadaver eines jungen, aber voll entwickelten Mauerseglers. Anscheinend war er vorzeitig aus dem Nest gefallen und hilflos über den Boden geschlurft, bis ihn eine Katze erwischte. Seine Bauchdecke war stellenweise durchbohrt, Darminhalt quoll heraus. Seine Augen waren geöffnet und trocken. Zwar besaß er immer noch seine sichelartigen Flügel, doch sie würden jetzt nur noch die Luft meines Kinderzimmers durchschneiden, wenn ich ihn an einem Faden über meinem Bett aufgehängt hatte. Seine merkwürdig aussehenden Füße hatten scharfe Krallen, was mich hoffen ließ, dass die Katze nicht ungeschoren davongekommen war. Den kurzen schwarzen Schnabel, der sechs Wochen später nach Fliegen hätte schnappen sollen, die im Kongo aus Waldelefantenkot geschlüpft waren, hatte er hilflos aufgesperrt, als ränge er um einen letzten Atemzug von der Luft, die seine Heimat war, oder (das dachte ich später) als hauche er seine Seele aus.

Er strahlte nichts Herrschaftliches aus. Mir ging nicht durch den Kopf, wie tief die Mächtigen doch fallen können. Vielmehr dachte ich, dass es diese Mächtigen gar nicht gab, was ein klügerer Gedanke war. Verletzlichkeit, so folgerte ich, war ein Teil des Gewebes, das das Universum zusammenhielt. Ein paar Jahre später wurde mir anhand eines toten Fuchses klar, dass der Tod unausweichlich ist (wenn so etwas Quicklebendiges wie ein Fuchs sterben kann, wie kann dann *irgendjemand* dem Tod entrinnen?), aber der junge Mauersegler ebnete den Weg zu dieser schrecklichen Erkenntnis.

Ich spiele die als MP3 aufgezeichneten Mauersegler-Geräusche nicht ab. Denn unser Nistkasten ist besetzt. Seit sieben Jahren oder so haben hier immer Mauersegler gebrütet. Eine feinfühlige Freundin, die liebend gern Mauersegler unter ihrem Dach haben würde, will die Aufnahmen ebenfalls nicht verwenden. »Ich möchte, dass sie sich aus freiem Willen für mich entscheiden oder es eben sein lassen. Sie sollen nicht auf irgendeine Weise manipuliert werden. Gerade weil sie nichts mit mir zu tun haben, bedeuten sie mir so viel. Wenn sie mich und mein hübsches Dach ignorieren, soll es mir auch recht sein.«

Ich weiß, was sie meint, aber diese Sichtweise ist falsch. Durch die Aufnahmen bewirkt man lediglich, dass die Mauersegler näher herangelockt werden und sich den einen oder anderen Nistplatz ansehen, der ihnen sonst vielleicht entgangen wäre. Auch wenn der Anschein und unsere Intuition dagegen sprechen, sind sie weder allwissend noch allgegenwärtig. Sie sind keine Götter, und falls doch, dann solche, die gebrochen und geschwächt werden können.

Der Schriftsteller Henry Williamson lag eines Tages auf einem Balken seines Dachbodens in Devon und beobachtete, wie ein Star einem Mauersegler eine seiner lebenswichtigen Schwungfedern ausrupfte. »Der erschrockene Vogel flüchtete unter der Traufe ins Helle. Er versuchte zu fliegen, trudelte aber auf die Straße hinunter, wo er nur hilflos herumkriechen konnte. Unterdessen warf ihm der Star zwei weiße Eier hinterher und hockte sich dann ins Nest, um das erste von fünf bläulichen Eiern zu legen.«[64]

Wir hatten es nicht geschafft, unseren Dachvorsprung gegen Stare zu sichern, und so haben sie dort gebrütet, aber sie waren früh dran und haben es nicht mit einer Zweitbrut versucht. Unser Nistkasten sollte bereit sein.

Die Migration der Mauersegler vollzieht sich in Wellen, die der deutsche Biologe und Mauersegler-Fachmann Ulrich Tigges als Vorhut, Vortrupp, Hauptteil und Nachhut bezeichnet.

Die Vorhut besteht nur aus wenigen Vögeln – üblicherweise ein oder zwei, manchmal hat man auch eine kleine Schar von bis zu fünf Vögeln in einem Gebiet beobachtet. Nachdem sie aufgetaucht sind und einen Sturm an ekstatischen E-Mails und Tweets ausgelöst haben, verschwinden sie oft für mehrere Tage komplett von der Bildfläche. Wo sie sich dann aufhalten und was sie tun, weiß man nicht. Handelt es sich um ehrgeizige Neulinge im Brutgeschäft, die noch keinen festen Nistplatz haben, sich aber dank ihrer Erkundungsreisen vom letzten Sommer daran erinnern, wo es etwas Passendes geben könnte, und deshalb besonders eilig aus Afrika hergeflogen sind, um Besitzansprüche geltend zu machen? Wenn ja, glauben sie, dass sie die Vögel vertreiben können, die im Vorjahr hier genistet haben? Warten sie im oder vor dem Nistkasten, um die »Alteingesessenen« mit Krallen und Gezische zu begrüßen? Oder erinnern sie sich an einen Platz, der im letzten Jahr unbesetzt war? Oder dass der vormalige Bewohner in Sambia von einem Falken geschlagen oder von einem Zyklon in Malawi verschlungen worden ist?

Wir haben keine Ahnung. Die Tatsache, dass sie kurzzeitig in einem Gebiet gesichtet werden und dann verschwinden, könnte allerdings darauf hinweisen, dass sie nach Nistplätzen außerhalb des Reviers suchen, in dessen Kolonie sie aufgewachsen sind. Bis wir exaktere Bewegungsdaten haben, erübrigt sich jede Antwort. Vielleicht tun sie es ja nur, um uns zu necken.

Der Vortrupp stößt nach zehn bis elf Tagen zur Vorhut – es sind die ersten Brüter, vermutet Tigges. Offenbar wissen sie, was sie tun. Zielstrebig und besitzergreifend begeben sie sich zu ihren Nistplätzen und machen sich an die Arbeit.

Wer sind die Vortruppler? Auch hier gilt: Wir haben keine Ahnung (das ist das faszinierende, stets wiederkehrende Mantra bei jedem Gespräch über Mauersegler). Möglicherweise sind es kräftige und erfahrene Vögel, die schnell fliegen und verlässlich navigieren können; die die Sahara und das Mittelmeer am liebsten allein oder in kleinen Gruppen überqueren; die die Sogwirkung Afrikas nicht so stark spüren, weil sie wissen, dass sie ohnehin bald wieder zurück sein werden; die wissen, dass sie das mühsame Brutgeschäft umso schneller hinter sich haben, je mehr sie ranklotzen. Vielleicht geht es auch um den Status innerhalb der Kolonie, und die Frühankömmlinge starten im Rennen um den Status in der Poleposition (obwohl unklar ist, wie sich ein höherer oder niedrigerer Status auswirken könnte, wenn der Partner ohnehin feststeht und die Brutplätze bereits vorbestimmt sind). Es könnten aber auch eifrige, strebsame Möchtegern-Brüter sein oder Vögel, die im Vorjahr zu spät dran waren, um einen Nistplatz zu ergattern, und diesen Fehler nicht noch einmal machen wollen.

Etwa drei Tage nach dem Vortrupp trifft der Hauptteil ein, und ab da scheinen sich im Mauersegler-Revier alle anderen Spezies zu verflüchtigen. Ich habe jedenfalls von Mitte Mai bis Anfang August nie irgendetwas anderes am Himmel bemerkt.

Wer kommt mit dem Hauptteil? Die Antwort kennen Sie bereits: Wir wissen es nicht. Sind es die hochrangigen, etablierten, selbstbewussten Vertreter ihrer Art, die sich nicht beeilen müssen, weil niemand es wagen würde, ihnen ihre Bruthöhle streitig zu machen? Oder sind es schlichte, missmutige Gemüter, die sich auf der langen Reise nach Gesellschaft sehnen und sich zu mehreren sicherer fühlen, wofür sie sogar Obdachlosigkeit und ein Jahr ohne Nachwuchs riskieren?

Und was ist mit der Nachhut? Sie trifft erst mehrere Wochen nach dem Hauptteil ein und besteht aus unreifen Jungvögeln, vermutlich ohne den Ehrgeiz und sicherlich ohne die Erwartung, in diesem Jahr brüten zu können. Zu einem großen Teil sind es Einjährige, die die Reise in den Norden zum ersten Mal angetreten haben. Andere nicht brütende Vögel haben schon mehr Erfahrung gesammelt (bis Mauersegler sich zum ersten Mal paaren, haben sie oft schon das dritte oder vierte Lebensjahr erreicht). Die Nichtbrüter machen sich mit den Grundlagen der Fortpflanzung und mit der Landkarte vertraut, sie sichten potenzielle Nistplätze für künftige Jahre, plaudern miteinander, bauen Beziehungen auf.

Diese vier Gruppen markieren eine klar in Schichten aufgeteilte Mauersegler-Gesellschaft. Aber auch wenn wir einige der offensichtlicheren Schichten erkennen können, wissen wir nichts über die Regeln des sozialen Auf- und Abstiegs. Zwar ist die Mauersegler-Kolonie am naturgeschichtlichen Museum der University of Oxford eine der am längsten kontinuierlich erforschten Vogelkolonien der Welt (David Lack begann hier 1948 mit seinen Beobachtungen), und wir haben eine ungeheure Menge an Daten, doch jedes neue Schaubild macht das Mysterium nur noch größer und komplizierter.

Mauersegler sind in Kolonien lebende, ausgesprochen gesellige Vögel. Eine Kolonie kann aus drei bis 34 Brutpaaren bestehen, und die Treue zur Kolonie ist eine wichtige, wenngleich nicht unabdingbare Komponente des Mauersegler-Daseins. Ist einmal ein Nistplatz bezogen worden, wird ein und dasselbe Paar mit hoher Wahrscheinlichkeit Jahr für Jahr dorthin zurückkehren, denn Mauersegler sind, wie viele langlebige Vögel, monogam. Laut genetischen Untersuchungen waren in einer Kolonie mit hoher Populationsdichte nur 4,5 Prozent der Jungvögel das Produkt außerehelicher Affären.[65]

In der Zoologie sieht man die Neigung zu Monogamie generell in Korrelation zum relativen Gewicht des Gehirns – also zu kognitiven Fähigkeiten. Promiske Tiere haben im Großen und Ganzen kleinere Gehirne, weil *Beziehungen* eine Menge neurologischer Rechenleistung erfordern, während Promiskuität die Verweigerung von Beziehungen impliziert. Monogamie ist, wie viele von uns wissen, aufwendig und anstrengend: Man muss viel Arbeit hineinstecken, kann allerdings auch enorm viel zurückbekommen. Diese Arbeit findet oft auf der emotionalen Ebene statt: geben und nehmen, verzeihen, nachsichtig sein.

Seit etwa einem Jahrzehnt ist es nicht mehr ganz so verpönt, über Gefühle von Tieren zu sprechen – was es seit Darwins großartigem (wenngleich selten gelesenem)

Werk *Der Ausdruck der Gemütsbewegungen bei dem Menschen und den Tieren* (1872) auch nie hätte sein sollen. Haben Mauersegler Gefühle? Wahrscheinlich. Haben ihre Gefühle in irgendeiner Weise etwas mit unseren zu tun? Wahrscheinlich. Sind ihre Gefühle, sofern vorhanden, mit unseren identisch? Zweifellos nicht. Aber wie es der amerikanische Biologe Carl Safina ausdrückte, taugt Anthropomorphismus durchaus als erste Annäherung an das, was Tiere fühlen.[66] Den größten Teil meiner Evolutionsgeschichte, meiner neurologischen Software und meiner physiologischen Hardware habe ich mit Mauerseglern gemein. Wenn ein Mauersegler-Nestling aus dem Nest fällt und unten auf dem Pflaster zerschellt, dann würde es mich sehr erstaunen, wenn ein Mauersegler nicht etwas ganz Ähnliches empfindet wie ich beim Tod eines Kindes. Nicht mit solcher Intensität, da bin ich mir sicher. Und auch nicht annähernd mit so einer lähmenden Heftigkeit (ich würde mich nie davon erholen), aber seine und meine Trostlosigkeit wären vielleicht von derselben Art.

Mir erscheint es durchaus plausibel, dass die Nichtbrüter darauf hoffen (können sie *hoffen*? Aber warum sollten sie es nicht können? Gibt es einen wissenschaftlicheren Ausdruck dafür?), eines Tages selbst in der Kolonie brüten zu können, in der sie geschlüpft sind und in die sie so viel Energie und Aufmerksamkeit gesteckt haben, bis ihre Zeit für die Fortpflanzung endlich gekommen ist. Drei Jahre lang schwirren sie in der Kolonie herum, gehen mit den anderen Koloniebewohnern auf Nahrungssuche, betrachten sehnsüchtig die Nisthöhlen und fragen sich, ob X, der in Ghana schwach und heruntergekommen ausgesehen hat, es dieses Jahr womöglich nicht über die Sahara geschafft hat und sich so vielleicht eine Gelegenheit auftut.

Das Leben in der Kolonie befähigt dazu, andere Individuen sehr gut kennenzulernen. Hier erlernt man die Kunst der Beziehungspflege und zweifellos auch die Regeln der Rangordnung. Das heißt, die Mauersegler eignen sich Kenntnisse über eine Art von Raum an, die sich von allen anderen Räumen in ihrem Leben unterscheidet. Sie sind interkontinentale Tiere; sie fliegen in Höhen, in denen die Luft dünn wird, ihre Perspektive gleicht oft dem Blick auf eine Landkarte mit kleinem Maßstab oder sogar einem Satellitenbild. Doch in der Kolonie lernen sie, dass sich das eigentliche Leben auf ein paar muffigen Quadratzentimetern abspielt; dass all das Wegducken unter Taifunen, die Tiefflüge über Nashörner und die Dämmerungsflüge über die Mondberge genau diesem Zweck dienen.

Zu den Kolonien scheinen Reviere zu gehören, die (so Tigges' Annahme) oft durch von Menschenhand geschaffene Strukturen begrenzt sind: eine große Straße, eine Reihe von Bürogebäuden oder ein Einkaufszentrum; sie markieren Niemandslandzonen, die die Reviere benachbarter Kolonien voneinander trennen. In Tel Aviv untersuchte Tigges beispielsweise eine Kolonie, die ein Areal von mehr als 90 000 Quadratmetern umfasste.[67] Könnte man einen Mauersegler fragen: »Woher kommst du?«, würde er wohl die Koordinaten dieses Reviers nennen, und die brutwilligen Jungvögel würden wahrscheinlich erst einmal innerhalb dieses Gebiets nach Nistplätzen suchen. Aber die Lage auf dem Immobilienmarkt ist zusehends angespannt, sodass sie sich vielleicht gezwungenermaßen woanders umsehen. Was nicht leicht werden wird. Stellen Sie sich vor, ein abgerissener junger Kroate taucht auf einer abgelegenen Hebrideninsel auf, geht in den Pub und verkündet, dass er morgen ein Mädchen aus dem Dorf heiraten und die Farm übernehmen wird. So ähnlich dürfte es auch für diese jungen Mauersegler werden.

Die Reviere tragen vermutlich zum Abbau von Spannungen und einer Verringerung der Gewalttaten zwischen Mauerseglern bei. Denn diese merkwürdigen Krallenfüße können töten. Also bewirken Reviere das genaue Gegenteil der Nationalstaaten der Menschen. Wenn ein Mauersegler weiß, dass die drei offensichtlichen Eckpunkte seines Territoriums das Börsengebäude, das HSBC-Hochhaus und der riesige Kreisverkehr sind, wird er sich damit höchstwahrscheinlich zufriedengeben, seine Immobiliensuche auf dieses Gebiet beschränken und somit keinen anderen Gemeinschaften seiner Spezies in die Quere kommen. Besitz erzeugt bei Mauerseglern keinen expansionistischen Drang nach immer noch mehr Besitz. Wer einen Platz zum Wohnen gefunden hat, sollte sich sicher und geborgen fühlen, nicht rastlos und unsicher.

Wie diese Grenzen ursprünglich gezogen wurden, ist unklar und ebenso, wie die Grenzen geschützt werden. Wir wissen nur, dass während der Brutsaison kaum eine aktive Grenzkontrolle stattfindet. Weil es nicht notwendig ist. In dieser Zeit werden die Grenzen anscheinend stillschweigend anerkannt.

Es mag sein, dass das eine allzu rosige Sicht auf das Territorialverhalten der Mauersegler ist. Beispielsweise könnte ja der Vortrupp als eine Art Grenzpolizei fungieren, die vorausgeschickt wird, um zu prüfen, ob die Stacheldrahtzäune den Winter überstanden haben, die

Minenfelder intakt sind und sich keine ungebetenen Gäste im Revier herumtreiben.

Was auch immer es mit den Revieren und den vier Ankunftswellen auf sich hat – sie bedeuten, dass die Mauersegler-Welt wie die unsere ist, klassenbewusst und Regeln unterworfen (zusätzlich zu den Bewegungsgesetzen). Auch hoch oben in der Luft gibt es Politik, Konventionen und Rangordnungen. Doch sie sind nicht wirklich wie wir: soziopathisches Verhalten, Eitelkeit und mangelnde Begabung sind absolute Ausschlusskriterien für einen Führungsjob, bei uns hingegen unverzichtbarer Bestandteil jedes Lebenslaufs.

Unmittelbar nach ihrer Rückkehr nehmen die Brutvögel die Nistplätze in Beschlag. Sonst würde es jemand anderer tun, und der Sommer ist kurz. Zwei Tage nachdem Jonny mich nach draußen gezerrt hat, höre ich die kratzenden Geräusche über meinem Arbeitszimmer, was bedeutet, dass die Welt auch in diesem Jahr wieder in Ordnung ist, und ich sehe die Vögel in einer schnurgeraden Linie zur Dachtraufe hin- und herflitzen. Mein Kopf ist nur ein, zwei Meter von ihnen entfernt.

Das Nest habe ich nie zu Gesicht bekommen. Doch ich weiß, was drinnen ist. Ich konnte einen Blick in die Nistkästen des naturhistorischen Museums von Oxford werfen, und ich bin süchtig nach den Webcam-Bildern aus einem Mauersegler-Nistkasten in Belgien.

Für gewöhnlich besteht das Nest aus einer zufälligen, schlampigen Ansammlung von allem Möglichen, was man sich im Flug schnappen kann: Grasstängel, Lotterielose, tote Schmetterlinge, Löwenzahnsamen und Zeitungsschlagzeilen finden hier neue Verwendung. Die

Mauersegler sind keine Weber: für Kunstwerke ist keine Zeit, und sie sind auch nicht notwendig. Normalerweise können die Eier nicht weit rollen. Speichelfäden halten den Müllhaufen lose zusammen.

Dass die Eltern gleichzeitig eintreffen, ist eher die Ausnahme. Die beiden sind sich möglicherweise seit letztem August nicht mehr begegnet, als sie nach Afrika aufgebrochen sind. Mehr als drei Viertel aller Brutpaare treten die Reise von und nach Oxford zu unterschiedlichen Zeiten an,[68] aber sie fliegen quer über den Planeten, um sich wiederzusehen. Für dieses Wiedersehen leben sie. Es ist sinnlos, sich vorstellen zu wollen, was sie empfinden, wenn es so weit ist. Dann könnten Sie mir wirklich »Anthropomorphismus!« entgegenschreien.

Mauersegler haben ein interessantes Sperma, das sich wesentlich von dem der Sperlingsvögel unterscheidet.[69] Die Mikrotubuli in der Spermatide (die haploide männliche Keimzelle, die die Hälfte der Erbinformation enthält, welche zur Bildung einer befruchteten Eizelle notwendig ist) bilden eine einzige, die Zelle umfassende Reihe. Und diese Spermien bewegen sich von den Hoden in der Bauchhöhle zur Kloake des Männchens und warten dort auf ihre Chance.

Diese Chance ergibt sich entweder in der schwitzigen Dunkelheit des Nistkastens gegen sieben Uhr morgens oder sechs Uhr abends oder während des Fluges.[70] In der Luft besteht die Chance nur kurz und kann leicht verpasst werden. Vermutlich beginnt das Leben jener 4,5 Prozent außerehelicher Mauersegler-Kinder im Himmel, wenn das Weibchen seine Flügel in V-Form stellt, um anzuzeigen, dass es bereit ist.[71] Daraufhin spreizen beide Vögel ihre Schwänze und neigen sie schräg, sodass sie sich im entscheidenden Augenblick mit gleicher Geschwindigkeit fortbewegen und das Männchen auf dem Rücken des Weibchens landen kann. Sein Schwanz stellt sich nach oben, ihrer nach unten, dann presst er seine volle Kloake gegen ihre leere. Mit ihren zwei Paar parallelen, ausgebreiteten Flügeln sehen sie einen Moment lang aus wie ein winziges Doppeldeckerflugzeug.

Über die Flugbegattung der Mauersegler ist viel geschrieben worden, aber sie ist wahrscheinlich selten und wird wohl geheimnisumwittert bleiben.

Etwa 14 Tage nach der Ankunft des zweiten Partners und unter der Voraussetzung, dass das Wetter einigermaßen mitspielt, werden weiße Eier in den speichelverklebten Haufen gequetscht, meistens am Vormittag. Den ganzen Vormittag über bleibt das Weibchen im Nest: Es macht schließlich eine Art Geburtswehen durch. Ist das Wetter schlecht, wird die Eiablage bis zum fünften Tag nach der Wetterbesserung aufgeschoben – sofern eine Wetterbesserung eintritt. Kann das Weibchen, das mit den ruhenden Embryos im Leib durch die Lüfte gleitet, einen Wetterbericht erstellen und selbst entscheiden, ob die Eierproduktion ausgesetzt werden soll oder nicht? Oder ist da, vielleicht irgendwo tief in ihrem Hirnstamm, eine Art meteorologischer Thermostat, ein Sensor für Temperaturen und heitere Sommerlichkeit?

Bevor sich die Eltern der Mühsal der Bebrütung und Aufzucht widmen, verbringen zumindest einige von ihnen die Nächte außerhalb des Nistkastens – wahrscheinlich steigen sie in die Atmosphäre auf, um zu schlafen oder mit ihresgleichen zu plaudern. Es ist, als wollten die Eltern das letzte bisschen Freiheit auskosten, ehe sie in der Tretmühle zwischen Stillen und Elterntaxi gefangen sind – wie in den Vorstädten der Menschen, so im Himmel der Mauersegler. »Manche Individuen neigten dazu viel mehr als andere«, schrieb David Lack.[72]

Über die Individuation von Tieren muss noch eine ganze Bibliothek geschrieben werden. Denn Tiere sind keineswegs identische Automaten. »Der tierische Wille« – so sollte der Haupttitel heißen, und die Mauersegler sollten im Mittelpunkt stehen. Denn ihre Vorlieben und Schwächen sind aussagekräftiger als die von Hunden, Katzen, Pferden oder sonstigen Haustieren, einfach weil man unmöglich unterscheiden kann, wo ein Hund oder ein Pferd endet und wo sein menschlicher Halter anfängt: Wir haben eine so lange und intensive gemeinsame Entwicklungsgeschichte, dass sich die Biografie eines Pferds oder eines Hundes teilweise wie eine verkürzte Biografie seines Halters liest. Hingegen gehören Mauersegler ganz sich selbst: Wann immer sie eine Wahl treffen, tun sie es frei und ungebunden.

Die Eier (normalerweise zwei oder drei, manchmal kommt aber auch ein kontraproduktives viertes dazu) sind recht robust – widerstandsfähig gegenüber Kälte wie auch gegen elterliche Vernachlässigung –, und die Bebrütung beginnt in der Regel erst, wenn alle Eier gelegt sind. Von da an sind die Eltern voll ausgelastet. Sowohl Männchen wie Weibchen brüten, sie wechseln sich ab: Eine oder einer brütet (bis zu sechs Stunden am Stück), der oder die andere sammelt unterdessen Nahrung.

Nach etwa 20 Tagen schlüpft das erste Küken. 24 Stunden später folgt das zweite und nach weiteren 24 Stunden das dritte. Wenn es ein viertes Ei gibt, schlüpft das Junge 24 Stunden nach dem dritten, allerdings vergeblich: von den viertgeschlüpften Nestlingen überlebt keiner.[73]

Wenn es kalt ist, dauert die Brutzeit länger. Anstatt gewissenhaft zu brüten, haben die Eltern die in ihrem Unterbewusstsein abgespeicherte Lebenszeit-Bruterfolgsstatistik gründlich studiert und sind am späten Vormittag und den ganzen Nachmittag über zur Nahrungssuche ausgeflogen. Die Eier werden kalt und bleiben sich selbst überlassen. Was ihnen aber wahrscheinlich nichts ausmacht: Sie halten Kälte gut aus, und die embryonale Entwicklung wird einfach unterbrochen, bis Sonne und Eltern zurück sind.[74]

Dass die Eltern sich um ihr eigenes Wohlergehen kümmern, ist durchaus sinnvoll. Denn ihre momentanen Verpflichtungen sind nichts im Vergleich zu dem, was noch auf sie zukommt. Ist der Nachwuchs erst einmal geschlüpft, kommen sie kaum noch zur Ruhe. Da bringt es nichts, wenn sie sich jetzt bis zur Erschöpfung verausgaben.

Tatsächlich bringt das *nie* etwas. Über das Kalkül der Evolution sollten nervöse Jungvögel besser nicht aufgeklärt werden. Denn es wird zwar viel in den Nachwuchs investiert, aber nicht um den Preis des eigenen Lebens. Wenn man hart arbeitet, weil es die Kinder einmal besser haben sollen als man selbst, ist das eine Sache; sich dabei bis zum Herzinfarkt abzurackern ist aber etwas ganz anderes. So langlebige Vögel wie der Mauersegler, dazu noch mit einer hohen jährlichen Überlebensrate, erzielen einen auf die gesamte Lebenszeit gerechneten Reproduktionserfolg am besten dadurch, dass sie auch das nächste

Jahr noch erleben und wieder brüten – selbst wenn das heißt, die Brut oder einen Teil davon opfern zu müssen.

Ich habe eine Vorstellung davon, was unter unserer Dachtraufe geschieht.

Der Eingang zur Traufe ist ein kleiner Spalt, den man nur passieren kann, wenn man direkt hinauffliegt. Dann kommt eine Engstelle, was aber gut ist, weil sie das Risiko verringert, dass die Nestlinge herauspurzeln, wenn sie anfangen herumzukriechen.

Zurzeit gibt es noch keine Nestlinge, nur ein kleiner schwarzer Vogel hockt da, etwa 40 oder 50 Zentimeter hinter dem Eingang zur Bruthöhle, auf einem Haufen Abfall. Bei schlechten Lichtverhältnissen sehen Mauersegler anscheinend nicht gut, daher erkennen sie wohl nicht mehr als ich: nur die Umrisse eines sitzenden Vogels und vor allem den weißen Kehlfleck. Würde sich der Vogel (der männlich oder weiblich sein könnte) bewegen, könnte ich zwei Eier von schlichtem Weiß erspähen – so wie die Eier der meisten Vögel, die an düsteren Plätzen brüten.

Daneben und dahinter sind Dachsparren, die stellenweise mit rosa Glaswolle gedämmt sind. Generationen haben daran gepickt, weil sie glaubten, die Glaswolle würde sich für den Nestbau eignen, aber die Fasern piksen, und so hängen jetzt lose Stränge herum. Darüber liegen die blanken Dachziegel. Es kann hier brütend heiß werden. Oder eiskalt. Weiter hinten ist ein Ziegel zerbrochen, den wir schon seit einer Ewigkeit austauschen wollen. Bei Regen tropft Wasser auf die Dachsparren, dann fangen sie an zu modern, und es riecht nach Schimmel.

Vor meinem geistigen Auge sehe ich den Platz unter unserer Traufe übersät mit grafischen Darstellungen, Kuchendiagrammen und langen Zielvorgabenlisten, die die Mauersegler stets daran erinnern, was sie wann erledigen müssen.

Ich frage mich, was sie wohl von uns halten. Hören sie, so wie ich, die Quietschende-Kreide-auf-Tafel-Dissonanz zwischen der Eleganz ihres ätherischen Lebens und der Plumpheit des meinen?

Wo, so frage ich mich, verlaufen die Grenzen ihrer Kolonie? Und haben die Vögel ein ebensolches Besitzdenken wie unsere Kinder: »meins«, »nicht deins«? Blicken die Nestlinge nach dem Schlüpfen zu dem Lichtfleck am Ende des Nistplatzes und sagen sich: »Dort spielt sich das *echte* Leben ab.«? Bestimmt haben sie eine Art Sehnsucht, ein Streben, das wild und feurig sein muss – sind sie in dieser Hinsicht ähnlich veranlagt wie wir?

»Herrgott, es sind *Vögel*!«, ruft mir ein ehemaliger Freund hilfsbereit in Erinnerung, um mich auf den Boden zurückzuholen. Aber das hilft mir nicht: Mauersegler sind keine bodenständigen Tiere.

18th June 3rd bird prospecting box 1

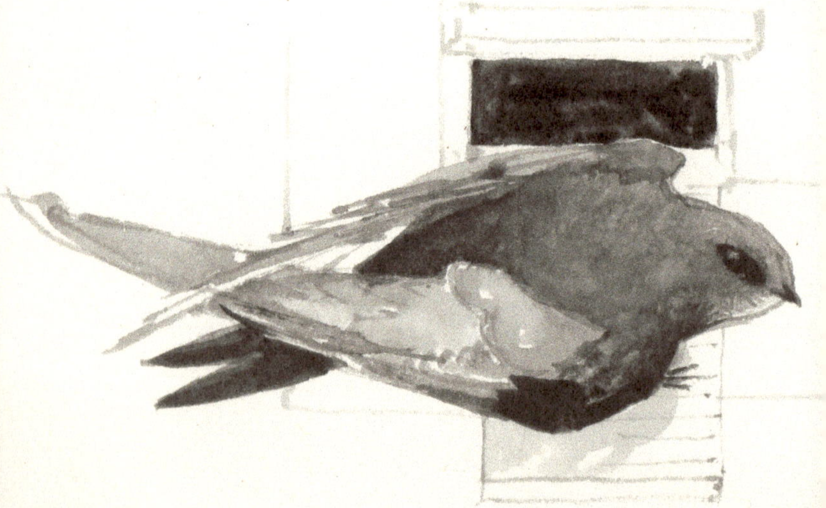

Juni

Der Juni ist für die Nestlinge der entscheidende Monat. Wenn es warm ist, wird es in Großbritannien ein gutes Mauersegler-Jahr. Auf unseren unerbittlichen Inseln korreliert ihr Bruterfolg mit den durchschnittlichen Junitemperaturen. An freundlicheren Orten existiert diese Wechselbeziehung nicht. Umbrische Mauersegler müssen nicht nervös aufs Thermometer schauen, ihnen bleibt viel mehr Spielraum.[75] Oberhalb einer bestimmten Temperaturschwelle, die in gnädigen südlichen Gegenden regelmäßig überschritten wird, ist die Zahl der Insekten nicht von der vorherrschenden Temperatur abhängig; unterhalb dieser Schwelle allerdings schon.

»Ein junger Mauersegler ist, ebenso wie ein junger Singvogel, abscheulich«,[76] schrieb David Lack. Sie sind nackte Fress- und Wachstumsmaschinen. Ihre Eingeweide sind im Verhältnis zu ihrem Gewicht so groß (15 Prozent ihres Körpergewichts, im Vergleich zu zehn Prozent bei einer frisch geschlüpften Wachtel, die ähnlich viel wiegt), dass die Kloake auf den Rücken des Nestlings gedrückt wird.[77] Wenn sich der Vogel später in die Lüfte erhebt, wandert sie zu ihrem üblichen Platz zurück. Hingegen sind die Gehirne junger Mauersegler, prozentual zu ihrem Körpergewicht, nur etwa halb so groß wie die von jungem Federwild. In den ersten Wochen müssen sie wirklich nicht viel denken.

Manchmal fallen nackte Nestlinge auf den Boden und sterben. Wenn Sie einen finden, nehmen Sie ihn in die Hand und sehen Sie sich ihn genau an. Er hat eine Haut wie blassrosa Seidenpapier, und Sie können seine Leber sehen – wie ein großer blauer Fleck – und den Darm voller Insekten, die in ihren eigenen Säften ertrunken sind.

Er sieht so schwach aus, und es stimmt, dass Mauersegler-Nestlinge eine Zeit lang kaum etwas anderes tun können, als den Schnabel aufzureißen, ihre Geschwister wegzudrängen, wenn ein weiterer Kropf voller Luftplankton eintrifft, und durch ihre verschobenen Kloaken himmelwärts zu koten. Aber tatsächlich sind sie ungeheuer robust. Nach durchschnittlich 43 Tagen (bei einer Spanne von 37 bis 56 Tagen, je nach Wetter) werden sie bereit sein, nach Afrika zu fliegen. Bis dahin müssen sie eine Reihe von Herausforderungen meistern. Die größten sind ein unregelmäßiges Nahrungsangebot, das damit verbundene Problem der Kälte, die lebensbedrohliche Konkurrenz durch ihre Geschwister, der Start in die Lüfte, bei dem sie nur einen einzigen Versuch haben, und Vampire. Wir werden auf ihren ersten Flug zurückkommen, wenn er ansteht, und uns erst einmal kurz mit den anderen Gefahren befassen.

Das Futter für die Nestlinge stammt aus der Luft, es wird von den Eltern geliefert. Wie schon gesagt, ist die Zahl der Insekten in der Luft bis zu einem gewissen Punkt von der Lufttemperatur abhängig. Das nasse, kalte, elendige Juniwetter, das die meisten Briten für typisch halten, kann tödlich sein. Dann ist die Verpflegung knapp, und die Eltern müssen sich zuerst einmal selbst ernähren.

Da die Evolution genau weiß, wie grässlich britische Sommer sein können, hat sie die Physiologie junger Mauersegler entsprechend angepasst. Sie können viele Stunden, manchmal Tage, überleben, ohne dass sie bebrütet werden, während ihre Eltern die unbeständigen Winde durchkämmen.

Die Nestlinge begeben sich in eine Art Ruhezustand, eine partielle Winterstarre. Ihre Körpertemperatur sinkt, und ihre verschiedenen Organe schalten auf die niedrigste Stufe der Stoffwechselaktivität, die gerade noch zum Überleben reicht. Sie scheinen dem Tod geweiht zu sein, aber kaum werden sie einige Minuten bebrütet und haben ein paar Schnäbel voll Insekten intus, sind sie wieder so putzmunter, als ob nichts gewesen wäre. Vielleicht dauert es etwas länger, bis sie flügge sind, aber ansonsten scheint ihnen diese Unterbrechung nicht zu schaden. Würden Singvögel-Nestlinge so lange allein gelassen, sie wären nach wenigen Stunden tot. Denn sie werden mit Nahrung gefüttert, die aus der näheren Umgebung des Nests stammt und verlässlicher zur Verfügung steht als die der Mauersegler, sodass bei ihnen nicht in die vermutlich kostspieligen Ressourcen einer solchen Überlebensstrategie investiert wurde. Wird drei Stunden lang ein Amselgelege nicht bebrütet oder der Amselnachwuchs nicht gefüttert, dann sind die Eltern tot, und in diesem Fall könnte keine noch so große metabolische Raffinesse sie retten. Lang abwesende Mauersegler-Eltern hingegen haben vielleicht einfach nur beschlossen, in Amsterdam auf die Jagd zu gehen, und so kann es sich für die Nestlinge durchaus lohnen, möglichst lange durchzuhalten.[78]

Angesichts des knappen Energiebudgets und der Unvorhersehbarkeit der Lieferkette sind die erbittertsten Feinde eines jungen Mauerseglers – abgesehen vom britischen Wetter – seine Geschwister. Das Nest ist ein unregulierter Markt. Da gibt es kein Pardon. Im behaglichen Zuhause einer Mauersegler-Familie zeigt sich die Natur mit so blutroten Schnäbeln und Klauen wie bei Beute- und Raubtieren in der Serengeti oder bei Rachel und Jonny im Streit um Gummibärchen.

Insgesamt kommen etwa 19 Prozent der Nestlinge um, und ihre Sterblichkeitsrate steigt, je später sie schlüpfen – auf 100 Prozent bei den Viertgeschlüpften. David Lack vermutet, das sukzessive Schlüpfen sei ein Mechanismus, der das selektive Verhungernlassen des Letztgeschlüpften in kargen Zeiten erleichtert: In dieses Junge wurde weniger investiert, also wird weniger verschwendet, außerdem ist ziemlich offensichtlich, welches geopfert werden muss, um die anderen und die Vogeleltern zu retten: eben das kleinere, jüngere, schmächtigere.[79]

Allerdings ist das Wetter nur selten so mies, dass eine derart krasse Entscheidung gefällt werden muss. Normalerweise bedeutet ein miserabler Juni oder Juli nur, dass es länger dauert, bis die Jungen flügge sind und sich auf den Weg machen können. Manchmal jedoch versagt der Sommer kläglich. Dann entscheidet ein strenger Algorithmus.

Die Eltern wollen nicht ihren Kindern zuliebe den Kürzeren ziehen.[80] Ihr auf die Lebenszeit gerechneter Bruterfolg ist höher, wenn sie sich im Juni und Juli gut um sich selbst kümmern, das wissen sie. Und wenn das bedeutet, dass die Nestlinge hungern müssen, dann werden sie eben hungern. Das ist nicht nur wegen der Lebenszeit-Brutstatistik sinnvoll, sondern auch, weil Eltern, die im Juni oder Juli sterben oder zu schwach für die Nahrungssuche sind, ihrem unersättlichen Nachwuchs keinen Nutzen bringen. Bis zu einem gewissen Grad deckt sich das Eigeninteresse der Eltern hier mit dem der Jungvögel.

Wobei ich nicht umhinkann, mich zu fragen, wie es sich *anfühlt*, von solch despotischen Algorithmen beherrscht zu werden. Der elterliche Instinkt ist ungeheuer stark. Er spornt die Vögel zu gigantischen Wanderungen und herkulischen Anstrengungen bei der Nahrungssuche an. Und doch kommt manchmal ein Zeitpunkt, an dem es für einen Mauersegler angesichts seiner langen Lebenserwartung sinnlos wird, in diesem Sommer Mutter oder Vater zu werden; der Punkt, an dem sich die gewaltige Reproduktionsinvestition in diesem Jahr eben nicht mehr auszahlt. Würden die Mauersegler nicht so lange leben, ergäbe sich eine völlig andere Arithmetik. Wären sie, wie die meisten Vögel ihrer Größe, vergänglichere Wesen, die in ein oder zwei Jahren bereits zu Staub zerfallen sind, dann hätte es einen Sinn, dass sie sich auf dem Altar der Zukunft ihrer Kinder opfern; sie würden die Kalkulation demütig akzeptieren und dahinscheiden. Mauersegler wissen also, wie lange sie leben werden, und dieses Wissen bestimmt ihr Verhalten während ihrer Elternschaft.

Aber was für eine Art von Wissen ist das? Beeinflusst es den Klang ihrer Schreie? Hört man bei älteren Vögeln einen durchdringenderen Ton? Blicken die älteren Vögel auf dem Rückweg nach Afrika auf unser Haus hinunter und sagen: Nächstes Jahr wohl nicht mehr, wenn die Versicherungsmathematiker recht haben, aber es war ein langes, erfülltes Leben, und wir hoffen, unsere Kinder können dieses Loch beziehen? Wissen sie, wenn im August vor ihnen im Dunst die marokkanische Küste auftaucht, dass dies der Kontinent ist, auf dem sie sterben werden?

Auch wenn diese Gedanken so ausgedrückt auf geradezu lächerliche Weise an Beatrix Potter erinnern: Sie drängen sich mir auf, weil es offensichtlich irgendeine Form von Wissen über Sterblichkeit und Langlebigkeit gibt – selbst wenn es ein codiertes Wissen ist, das so tief in die Gene und das Verhalten eingeschrieben ist, dass es nie reflektiert wird. Warum aber versuchen Tiere, die eigene Auslöschung zu verhindern? Schlägt ein Vogel denn nicht Haken, um dem Wanderfalken zu entrinnen, der hinter ihm her ist, weil er sich selbst erhalten will? Ich meine damit tatsächlich: sich *selbst.* Flackert sein Auge denn nicht, wenn ihn die Krallen packen, weil sein *Selbst* an einen anderen Ort verbracht wird? Ist nicht das *Selbst* eins der elementarsten Substrate zumindest in der biologischen Welt – einer der Hauptgründe für jegliches Handeln? Und braucht man nicht ein gewisses Bewusstsein für das Selbst, damit das Selbst die Aufgabe erfüllen kann, die die Evolution vorgesehen hat?

Nach dem Tod eines Nestlings neigen die Eltern dazu, selbst zu fressen, anstatt das eingesparte Futter den übrigen Jungvögeln zu überlassen – was zeigt, dass sie die Jungen nur verhungern lassen, wenn sie selbst in arger Bedrängnis sind. Sie erlangen recht schnell die Körpermasse zurück, die sie durch die bisherigen Mühen des Elterndaseins verloren haben, und das Gewicht der überlebenden Jungvögel liegt, sobald sie flügge werden, üblicherweise nur leicht unter dem Durchschnitt. Alle Überlebenden, Eltern und Nestlinge, profitieren also, und der verhungerte Jungvogel hat auch nicht wirklich verloren:[81] Wenn die Kost so knapp ist, hätte ein zuletzt geschlüpfter Nestling ohnehin nicht überlebt, aber die anderen mit ins Verderben gerissen.

Unter unserer Dachtraufe herrscht eiskalt berechneter Utilitarismus.

Und nun zu diesen Vampiren.

Es handelt sich um Mauersegler-Lausfliegen (*Crataerina pallida*). Sie sehen wie Taschenkrebse aus, und im Verhältnis zum Körpergewicht eines Mauerseglers sind sie auch in etwa so groß wie für uns ein sehr ansehnlicher Taschenkrebs. Sie kriechen unter das Gefieder der erwachsenen Vögel und krallen sich gern an Hals und Bauch fest. Bei den Nestlingen sitzen sie oft auf dem Bürzel. Und sie saugen Blut – viel Blut: etwa fünf Prozent des gesamten Blutvolumens eines erwachsenen Vogels.[82] In jedem Mauersegler-Nest sind sie zu finden, in manchen bis zu 16 Stück. Ihr Leben ist eng an das der Mauersegler gekoppelt – allerdings ziehen sie nicht mit ihnen nach Afrika. Doch sobald die Mauersegler im Frühjahr ankommen, schlüpfen die erwachsenen Lausfliegen aus ihrer Verpuppung, krallen sich an den Vögeln fest und beginnen zu saugen. Mögen die Vogelbeobachter auch noch so rasch hinauseilen, um die eintreffenden Mauersegler zu begrüßen, die Lausfliegen spurten ihnen weitaus schneller und noch sehnsüchtiger auf den Dachsparren entgegen.

Fünf Prozent des Blutvolumens sind, so sollte man meinen, ein beträchtlicher Verlust, vor allem für fliegende

Hochleistungssportler, die ihr Leben überwiegend in der sauerstoffarmen Luft großer Höhen verbringen. Aber merkwürdigerweise scheint ein starker Lausfliegenbefall die Mauersegler nicht zu beeinträchtigen. In wiederholten Studien wurden in Nestern mit sehr ungleicher Parasitenbelastung keine signifikanten Unterschiede festgestellt, was die Größe von Gelege und Brut, die Wachstumsrate der Nestlinge, das Gewicht oder die Größe der flügge gewordenen Vögel oder deren Zahl angeht.[83]

Das ist sehr merkwürdig.

Vielleicht handelt es sich um ein überragendes Beispiel für Coevolution, bei der die von den Parasiten aufgenommene Nahrungsmenge peinlichst genau darauf abgestimmt ist, dass sie dem Wirtstier wirklich nicht schadet – oder vielleicht gibt es einen geheimnisvollen, zurzeit nicht erkennbaren gegenseitigen Nutzen. Möglicherweise wird das Wirtstier zwar geschädigt, was sich aber nicht in den bisher gemessenen Parametern widerspiegelt. Einige vermuten, dass die Schädigung erst später zum Tragen kommt, damit die Nestlinge überleben (was schließlich im Interesse der Lausfliege liegt), aber wie lange kann so etwas wie eine Anämie aufgeschoben werden?

Die gerade erst flügge gewordenen Vögel müssen sofort nach Afrika fliegen. Vielleicht ist es in diesem Zusammenhang relevant, dass die Zahl der Lausfliegen während der Brutzeit der Mauersegler immer stärker abnimmt, sodass sowohl die erwachsenen als auch die jungen Mauersegler möglicherweise Zeit haben, sich von dem anfänglichen massiven Aderlass zu erholen, bevor sie sich der großen Herausforderung des Vogelzugs stellen müssen.

Ein weiteres Rätsel ist, warum die Mauersegler die Lausfliegen dulden. Würden Sie einen riesigen Taschenkrebs, der an Ihrem Bauchnabel hängt, nicht einfach abpflücken? Ich bin geneigt, dem kreuzförmigen Muskelursprung des Splenius capitis die Schuld zu geben – ein ungewöhnliches Charakteristikum des Riemenmuskels des Kopfes, das Mauersegler mit Kolibris gemein haben. Mehrere Stränge des Muskels, der am zweiten Rückenwirbel ansetzt, verflechten und kreuzen sich, bevor sie am Schädel enden.

Der Grund für dieses komplexe Arrangement liegt im Dunkeln, es könnte jedoch darauf hinweisen, dass Mauersegler die Fähigkeit, ihren Kopf nach oben und nach unten zu bewegen, zugunsten einer schnelleren, seitlichen Kopfdrehbarkeit aufgegeben haben – wodurch sie möglicherweise besser Insekten aus der Luft schnappen können.[84] Falls dem so ist, kommen die Mauersegler vielleicht einfach nicht an die Parasiten heran. Natürlich könnten sie andere erwachsene Vögel und die Nestlinge von den Lausfliegen befreien (wobei diese in dem dunklen Nest oft schwer zu sehen sind); dass sie dies offenbar nicht tun, könnte auf Grenzen ihrer Wahrnehmung hindeuten oder darauf, dass Lausfliegen tatsächlich irrelevant sind beziehungsweise irgendeinen obskuren Nutzen bieten. Bis dieses Rätsel gelöst ist, denken Sie einfach daran, dass die Mauersegler eine Menge Passagiere mit sich herumschleppen, wenn Sie sie jauchzend am Sommerhimmel kreisen sehen.

Ich hätte nichts dagegen, für eine Weile eine Lausfliege zu sein. Allerdings könnte ich der Versuchung kaum widerstehen, mich weiter festzukrallen und so per Anhalter in den Kongo zu reisen.

Heute wurde ich geweckt, wie ich immer geweckt werden möchte, vom *Wiiiiiih!* der in den Himmel startenden Vögel, das sich tief in meinen Schädel bohrt. Ich öffne die Augen, dem Geräusch folgt das Sonnenlicht, und noch bevor ich Zeit habe, ihr Entschwinden überhaupt zu bedauern, sind sie schon zurück, und sie kommen wieder und wieder, drehen ihre schnellen Loopings tief über unserer Straße und über der nächsten und wieder der unseren.

Noch bevor ich den Morgentee aufgesetzt habe, bin ich trunken von ihrer Erscheinung und werfe mein Netz nach Worten aus und stelle wie üblich fest, dass sie alle erbärmlich versagen, sodass ich den ganzen Tag über stumm bleibe und die Kinder denken, ich sei böse auf sie. Die Welt und der Himmel sind zu voll: Da oben ist kein Platz für meine stammelnden Gedanken.

Über mir schwirrt viel mehr Mauersegler-Biomasse als gestern, denn heute Nacht sind viele noch nicht geschlechtsreife Nichtbrüter auf einem zappelnden Strom aus Himmelsnahrung herbeigesegelt. Obwohl sie sehr genau wussten, dass dies für sie kein Jahr der Elternschaft sein würde, haben sie sich nach Norden aufgemacht. Vielleicht haben sie über Gambia und Senegal herumgetrödelt und auf optimalen Rückenwind für den Flug über die Sahara gewartet, oder sie tanzten über Marrakesch zwischen den Staubblumen, die nach Minze und Brathähnchen duften.

Sie kamen, um die Himmelsstraßen kennenzulernen, damit sie wissen, was zu tun ist, wenn sie in 3000 Metern Höhe in sich kreuzende Luftströme geraten – und weil sie ebenso wenig die Wahl hatten wie eine Marionette, wenn der Spieler an den Fäden zieht.

Aber vor allem sind sie gekommen, um die Zukunft zu planen – um die Grundlagen für ihre künftige Reproduktion zu schaffen. Bei dem Wort »planen« wird der eine oder andere die Augenbrauen hochziehen – ebenso wie vermutlich beim Wort »hoffen« –, aber es ist das einzig passende. Wenn diese Jungvögel hier eintreffen, dann nicht, weil sie denken, es könnte vielleicht doch eine klitzekleine Chance geben, sich zu paaren; dieser Zeitpunkt ist längst verstrichen. Selbst wenn es noch eine freie Bruthöhle gäbe, wäre es zu spät, um Nachwuchs aufzuziehen. Nein, sie erkunden das Gebiet und lernen die Landmarken – oft in den kreischenden Gruppen, die Mauersegler-Fans so lieben –, stellen fest, was es an Brutplätzen gibt, und fragen sich zweifellos, welche im nächsten Jahr frei sein könnten.

Manchmal fliegen sie direkt zu einem Nistplatz hoch, bremsen in der Luft abrupt ab und klopfen mit ihren Flügeln – *bumm, bumm* – gegen das Holz. Das führt dazu, dass der dortige Mieter kreischend an den Eingang kommt, um die Belegung zu bestätigen. Wenn, was selten ist, ein unbesetztes Loch entdeckt wird, ist das zwar eine gute Nachricht – *aber nicht für diese Saison*. Es mag sein, dass der noch nicht brütende Vogel sich mit einem Vogel des anderen Geschlechts zusammentut und sie womöglich sogar gemeinsam ein Nest bauen.[85] Aber das ist nur Spielerei. Kein Sperma wird mit einem Ei in Berührung kommen, und falls doch, führt es zu nichts – außer vielleicht zu der Verabredung, es im nächsten Jahr ernsthaft zu versuchen.

Hier lohnt es sich, innezuhalten und darüber nachzudenken, was da vor sich geht. Deshalb möchte ich Ihnen den ehemaligen Freund offiziell vorstellen, der mich am

Ende des vorigen Kapitels ziemlich lautstark daran erinnert hat, dass Mauersegler *Vögel* seien.

Ich nehme diese Ermahnung ernst, wie ich alles ernst nehme, was er sagt, denn er ist ein gefeierter Evolutionsbiologe, der Hunderte von zu Recht zitierten Aufsätzen und eine Handvoll anregender, schlüssiger Bücher vorzuweisen hat.

Die meisten Biologen, die ich kenne, lassen die Modelle ihrer Sicht der Natur im Labor zurück, wenn sie abends nach Hause gehen. Sie mögen den ganzen Tag über erklären, dass jeglicher Altruismus nichts als verkappter Eigennutz ist, dass sie an ihren Gattinnen nur die Keimzellen, die Kochkünste und deren Fähigkeit zur vorübergehenden Kinderaufzucht interessieren und dass das menschliche Gehirn lediglich ein Chemiebaukasten ist, aber dann wiederum spenden sie ihre Nieren, umarmen ihre Kinder, schreiben für ihre Ehepartner Gedichte und spielen Bach-Suiten auf dem Cello.

Der ehemalige Freund jedoch ist anders. Er ist ein wahrer Gläubiger. Sein Mangel an Inkonsequenz ist erschreckend. Bei ihm gibt es keine Trennung zwischen Labor und Schlafzimmer. Wobei das Schlafzimmer inzwischen leer ist. Seine Frau, teilte er mir knapp mit, konnte nicht mit ihm Schritt halten. So ist sie einfach ein weiteres Opfer der natürlichen Auslese geworden, wie die toten Eintagsfliegen, die an Sommertagen auf den Flüssen treiben.

Der ehemalige Freund hält sich gern selbst zugute, dass er das meint, was er sagt, und dass er das sagt, was er meint. Aber ganz so einfach ist es dann doch nicht. Wenn er sagt, dass »Mauersegler *Vögel* sind«, dann will er damit eigentlich sagen, dass Mauersegler *nur Vögel* sind, *schlicht nur* Vögel. Und damit meint er, dass Mauersegler bloße Maschinen sind, nichts weiter als *Materie*. Und da Materie für ihn nicht zählt – wie überhaupt nichts wirklich zählt –, sind Mauersegler auch nicht von Belang. Daraus schlussfolgert er, dass es ein Zeichen von Schwachsinn ist und man wahrscheinlich auf Darwins Verliererseite gerät, wenn man in den Sommerhimmel schaut und es einem vor Staunen den Atem verschlägt.

Das mystische Unbehagen der Quantenphysiker über die Natur der Materie tangiert ihn nicht im Mindesten. Für sie ist Materie eine verfestigte Form von Energie, und sie stellen fest, dass der Spin der Elektronen eines Atoms in einem Mauersegler-Zeh den Spin der Elektronen eines Atoms in der Galaxie GN-z11 im Sternbild des Großen Bären – der ältesten und am weitesten entfernten Galaxie im noch beobachtbaren Universum, die 32 Milliarden Lichtjahre vom Vogelzeh entfernt ist – beeinflusst und von diesem beeinflusst wird. Der Grund dafür ist, dass die Elektronen zum Zeitpunkt des Urknalls sehr nahe beieinanderlagen. Wenn eine Nähe zwischen Dingen besteht, beeinflussen sie sich gegenseitig unmittelbar und auf ewig, egal wie weit voneinander entfernt sie sind. Und da alles einmal nahe beieinander war, wirkt alles auf alles andere ein. Das Universum ist ein intimer, dicht verwobener Ort.

Doch derlei Gedanken sind an den ehemaligen Freund verschwendet, denn wenn man nicht zu den wenigen gehört, die partielle Differenzialgleichungen buchstäblich *schmecken* können (und das kann er nicht), ist es unmöglich, etwas darauf zu erwidern, außer in der Sprache der Upanischaden oder des Johannesevangeliums, und diese Sprache ist für den ehemaligen Freund eine blasphemische Obszönität. Ich habe ihn einmal nach Religion gefragt: »Ich glaube, ich bin einmal über eine gestolpert«, antwortete er. Er sieht Materie nicht als sublimierte Energie, sondern als Legosteine.

An diesem herrlichen Sommertag wollte ich nicht über Galaxien mit rotverschobenem Licht oder den Stellenwert von Mauersegler-Zehen in der hinduistischen Kosmologie sprechen. Ich wollte einfach nur über dieses »Anklopfen« der Vögel reden und was sie sich wohl dabei dachten.

»Sie *denken* überhaupt nicht«, meinte der ehemalige Freund höhnisch. »Ich denke. Sogar *du* denkst manchmal. Aber sie denken nicht. Sie *machen* einfach. Sie *verhalten* sich einfach. Eine Waschmaschine sagt nicht zu sich selbst: ›In fünf Minuten wechsle ich in den Schleudergang.‹ Sie tut es einfach. Vögel sind genauso. Und wir auch, wir brauchen nur genug Grips, um das zu kapieren, und genug Ehrlichkeit, um es zuzugeben.«

Das erinnert mich an C. S. Lewis' Gedanken über das Leiden von Tieren. Natürlich leiten ihre Nerven schmerzhafte Impulse weiter. Wenn man einem Hund eine Nadel in die Pfote sticht, heult er auf und reißt die Pfote weg. Aber Lewis sagt, Tiere leiden nicht auf dieselbe Weise wie wir, weil ein wesentliches Merkmal unseres Leidens die Erwartung weiterer schmerzhafter Impulse in der Zukunft ist. Hunde (so glaubte er) kennen keine Zukunft; sie leben im Augenblick und nur im Augenblick.

Das ist natürlich Unsinn. Ein Hund mit einem grausamen Besitzer duckt sich weg, sobald er die Schritte seines Herrchens vor dem Haus hört. Er weiß, dass er in wenigen Augenblicken getreten und geschlagen wird. Während er vor Angst zittert, lebt er in einer imaginären Zukunft.

Kehren wir also zu den »Klopfern« zurück. Einer ist gerade an dem Loch unter unserem Dachvorsprung vorbeigesaust. Ich konnte nicht sehen, was passierte, aber es war offensichtlich kein roter Teppich für ihn ausgerollt. Der Jungvogel drehte kreischend ab und flüchtete die Straße hinunter. Immerhin hatte er neue Informationen über die Brutgeografie von Oxford erhalten. Wobei diese Informationen offensichtlich nutzlos sind, wenn sie nicht gespeichert werden und in ein revidiertes Bild der Welt einfließen.

Niemand bezweifelt, dass Vögel ein Gedächtnis haben. Sie erinnern sich daran, wo ihre Nester sind, wo sie früher bereits Nahrung gefunden haben und wo sich wahrscheinlich jemand mit einem Gewehr aufhält. Aufgrund dieser Erinnerungen passen sie ihr Verhalten an: Sie kehren in ergiebigere Jagdgründe zurück und meiden den Wald, in dem sie fast gestorben wären. Die Erkundungen der Klopfer haben den Zweck, die Landkarte der Möglichkeiten *für das nächste Jahr* neu zu zeichnen. Nach einem Sommer der Inspektionen und Sichtungen fliegen sie zurück nach Afrika und haben den ganzen Herbst, Winter und Frühling die neue Karte im Kopf. Wenn sie dann im nächsten Frühjahr erneut nach Norden aufbrechen, wird diese Karte die Arbeitsgrundlage liefern, anhand derer sie ihr Verhalten nach ihrer Ankunft ausrichten. Obwohl ich krampfhaft bemüht bin, die Gefahren des Anthropomorphismus zu vermeiden, kann ich nicht umhin zu folgern, dass sie auf genau dieselbe Weise *planen* wie ich. Der Himmel kreischt absichtsvoll; er kreischt voller Tatkraft; er reagiert bewusst auf Eventualitäten.

Bewusstsein ist ein Gefühl des Selbst, der Subjektivität. Je besser wir darin werden, nach Bewusstsein zu suchen, desto mehr davon finden wir. Die Welt scheint ein sehr fruchtbarer Garten für das Gedeihen von Bewusstsein zu sein. Bewusstsein ist überall. Wenn die Jungvögel nach Afrika fliegen, müssen sie ein Bild von *sich selbst* haben, wie sie zu einem bestimmten Loch in Oxford zurückkehren. Auf der Grundlage eines solchen Bildes etwas zu erfassen, zu verarbeiten und zu planen heißt eindeutig, ein Bewusstsein in dem Sinn zu besitzen, wie wir es gern und mit Stolz für uns selbst reklamieren. Die Vögel wissen, dass sie nächstes Jahr anders sein werden als jetzt: nämlich dass sie in der Lage sein werden zu brüten. Den Unterschied zwischen dem jetzigen Selbst und dem hypothetischen Selbst in einem Jahr zu kennen, erfordert nicht nur ein rudimentäres Bewusstsein seiner selbst, sondern eine ziemlich komplexe Reflexion darüber. Das ist mehr, als die meisten menschlichen Politiker zustande bringen.

Diese individualisierten Mauersegler-Ichs sind Ende Juni in all ihrer Ausgelassenheit zu erleben. Jedes Ich zeigt sich am besten in Beziehungen – Beziehungen sind das, wofür das Ich geschaffen ist –, und wenn die Nichtbrüter eintreffen, wimmelt und pulsiert es in der Luft von Beziehungen. Ihre Kreischpartys sind genau das: Partys, auf denen alle kreischen. Was auch immer der rein biologische Nutzen von Kreischpartys sein mag (war eigentlich jemals irgendetwas *rein* biologisch?), niemand, der eine davon gehört und gesehen hat (mit der tragischen Ausnahme des ehemaligen Freundes), kann bezweifeln, dass die Vögel vor allem deshalb daran teilnehmen, weil sie ein kolossaler Spaß sind.

Bei den Steigflügen in der Morgen- und Abenddämmerung bilden die Nichtbrüter die größte Gruppe der

Teilnehmenden. Vielleicht erforschen sie die Linien, an denen sich die verschiedenen Schichten der Atmosphäre ineinanderschieben; vielleicht sammeln und vergleichen sie auch Barometer-Informationen. Aber was sie eigentlich tun, außerhalb unserer Sicht, aber vielleicht gar nicht weit außerhalb unseres Verständnisses, ist, Klatsch und Tratsch auszutauschen.

»Sie sind jetzt bei uns«, hauchte meine reizende Nachbarin, die Mauersegler liebt. »Sie gehören uns bis August. Welch ein Privileg.« Ja, das ist es tatsächlich. Und natürlich bleibt der harte Kern der Kolonie – die Brutpaare und ihre Nachkommen – bis zur Abreise im August auch wirklich da. Doch die Nichtbrüter sind ebenfalls eng mit der Kolonie verbunden, allerdings scheinen sie viel weniger ortsgebunden zu sein als die Brüter. Wenn es sich zuzieht, hocken die Brüter einfach nur kläglich, aber relativ sicher in ihrer Nisthöhle. Den Nichtbrütern hingegen bleibt nur die Weite des Himmels, und wenn der Himmel launisch wird, müssen sie sich eventuell eilig aus dem Staub machen.

Für Seglervögel in Küstennähe ist es sinnvoll, aufs offene Meer hinauszufliegen. Nachts ist die Chance auf günstige Aufwinde über dem Wasser größer als über Land. Und über Land kann man sich nicht auf die Luftströmungen verlassen. Diese Luft ist voller Schlaglöcher, Buckel und magenhebender Dellen. Zumindest im Sommer ist das Meer für gewöhnlich viel stabiler. Seine Temperatur ist konstanter, und die Luft wird nicht hin und her geklatscht wie an Land.

Wenn Sie an einem Abend Ende Juni oder im Juli an der Ostküste Englands sitzen und das Licht schwindet, können Sie mit großer Wahrscheinlichkeit Schwärme von Mauerseglern beobachten, die zielstrebig aufs Meer hinausfliegen. Sobald das Land die Luftströmungen nicht mehr so stark beeinflusst, lassen sich die Vögel hinaustreiben und bleiben dort, die Federn aufgeplustert gegen den Nebel, bis zur Morgendämmerung oder noch länger; dabei schläft die eine Hälfte des Gehirns, während die andere die kreisenden Sterne und die Lichter der Containerschiffe auf ihrem Weg nach Harwich beobachtet und dem Tuten der Signalhörner lauscht.

Manchmal sorgt das Wetter für riesige Ansammlungen. Die bisher größte beobachtete Zusammenkunft von Mauerseglern in Großbritannien fand im Jahr 2020 am Gibraltar Point in Lincolnshire statt. Man zählte an diesem Tag mehr als 46 000 Vögel.[86] Ich hätte meinen rechten Arm dafür gegeben, dabei sein zu können.

Solche Treffen zeigen, wie *geografisch* ihr Leben ist. Am Tag der Zusammenkunft in Lincolnshire zog ein großes, vogelverschlingendes Tiefdruckgebiet vom Nordosten Schottlands in Richtung Skandinavien und schob vermutlich skandinavische Mauersegler vor sich her. Also waren sie hier in Lincolnshire, um die Zeit zu überbrücken; sie stiegen hoch hinauf, um über die Wolken hinweg nach Norden zu schauen und darauf zu warten, dass das Tiefdruckgebiet nach Südosten abzieht und ihnen Raum gibt, es im Uhrzeigersinn zu umrunden und zurück nach Norwegen zu fliegen. David Lack glaubt, dass diese Art von Wetterumschwüngen leicht zu Reisen von eineinhalbtausend Kilometern führen können.[87]

Solche Massenversammlungen sind keine Formationsflüge. Es gibt keine koordinierte Bewegung des Schwarms, wie man sie bei Staren und vielen anderen Vögeln bewundern kann – Bewegungen, die nach landläufiger Meinung so schnell sind, dass sie auf Basis einer gewöhnlichen Abstimmung zwischen Augen, Gehirn und Flügeln unmöglich sind, weil sie sogar die Impulsweiterleitungsgeschwindigkeit in den Vogelnerven übertreffen. Hier bei den Mauerseglern gibt es keine solchen neurologischen Verrücktheiten, bei denen der individuelle Wille und die individuelle Physiologie aufgehoben werden und jeder Vogel in einen gigantischen Superorganismus integriert wird.

In Lincolnshire flog jeder der 46 000 Vögel seine eigene Bahn und traf seine eigenen Entscheidungen. Mauersegler sind immer nur sie *selbst*.

Ab Anfang Juni verlassen die ersten Mauersegler Israel und Palästina, und bis Mitte oder Ende Juli sind auch die letzten Spätbrüter dort weggezogen. Doch bereits im Juni ändert sich im weltweiten Mauersegler-Netz die Stimmungslage. Überwiegend hört man noch die überschwänglichen Schwärmereien der Europäer, es gibt gelegentlich jedoch auch dissonante Töne. »Weniger heute.« – »Unser Himmel blutet aus.« – »Unser Nest ist leer.« Wenn jemand in Eilat sie sieht, richten Sie ihnen aus, sie sollen schleunigst nach Hause kommen!« – »Was ist verkehrt an Jerusalem? Es gibt immer noch jede Menge Futter hier.« Für viele in der Levante beginnt der Winter im Juni.

In unseren europäischen Ohren klingt das unmanierlich, es wirkt geschmacklos. Als würde man bei einem fröhlichen Sommerpicknick über eine Einäscherung sprechen.

Juli

Mauersegler kreischen nicht. Vielmehr glucken sie gemächlich wie träge Bauernhofhühner, die im Hof herumscharren. So hört es sich jedenfalls an, wenn man ihre Laute mit einem Zehntel der normalen Geschwindigkeit abspielt. Verringert man auf ein Viertel, vernimmt man eine unsichere, zittrig vorgetragene Arie wie von einem Eistaucher auf einem kalten See. Da Mauersegler ihr Leben mehr als zehnmal so schnell führen wie ich meins, neige ich zu der Annahme, dass die Lautäußerungen der Mauersegler für ihre Artgenossen tatsächlich ein dunkles, tiefes, von Pausen unterbrochenes Gemurmel sind – das, was man von alten Männern in tiefen Polstersesseln nach einem ausgedehnten Mittagessen hört.

Als ich mich heute ebenfalls aus einem Polstersessel erhob und mit einer Geschwindigkeit von etwa einem Stundenkilometer durchs Zimmer schlurfte, stieß ich mir den Zeh an. Während ich fluchte, hörte ich von draußen das, was ich mittlerweile als Gemurmel von Mauerseglern kannte. Ich schaute auf und sah lange schwarze Schlieren, die an den Obergeschossfenstern der Reihenhäuser in unserer Straße vorbeizuckten (oder eher vorbei*zuckel-*

ten?, überlegte ich). Eine der Schlieren bog ab und verschwand mit einem Klacken: Ein Mauersegler war in sein Nest unter den Dachziegeln zurückgekehrt.

Mein angeschlagener Zeh brachte mich dazu, über die Zehen jenes nistenden Mauerseglers nachzudenken. Man hat ausgerechnet, dass ein Mauersegler seinen Nistkasten mit etwa 70 Kilometer pro Stunde anfliegt.[88] Wenn die Öffnung groß genug ist, fliegt er direkt hinein und muss auf den Füßen landen – für eine Bremsung mit ausgebreiteten Flügeln reicht der Platz nicht. Dabei müssen enorme Kräfte auf die Zehen einwirken. Tigges kam zu dem Schluss, sie seien einem »scheinbar unmöglichen« Druck von 40 Kilogramm ausgesetzt.[89]

Ich hatte einmal die Füße eines Mauerseglers in der Hand. Sie sind lang, dünn, schuppig und brutal, wie die kleinen nutzlosen Vorderextremitäten zweibeiniger Dinosaurier. 40 Kilo? Niemals! Und doch nur ein weiteres Beispiel dafür, wie die Mauersegler Newton ins Gesicht lachen.

Nehmen wir an, ein Mauersegler wiegt 40 Gramm. Ich wiege etwa 95 Kilogramm – das entspricht dem Gewicht von 2375 Mauerseglern. Natürlich kann man es nicht direkt vergleichen, aber wenn ich den Druck auf den Fuß eines Mauerseglers auf den eines Fettwansts hochrechne, der durchs Zimmer tappt, komme ich auf 9,5 Tonnen, die auf meinen Zehen lasten. Während der Brutzeit lassen sich die Mauersegler also mehrmals am Tag von einem Lastwagen über die Zehen fahren – und das alles, um die Kinder satt zu bekommen.

»Sie bringen das Beste in uns zum Vorschein, nicht wahr?«, meint meine reizende Nachbarin. »Sie erinnern uns daran, dass wir alle in ein und derselben Welt leben, dass Staaten albern sind. Und sie lassen uns aufschauen – reißen uns aus dem Augenblick, aus unseren eigenen Sorgen heraus.«

Nur zu gern würde ich ihr recht geben. Aber ich habe heute Morgen eine Stunde lang auf der Treppe vor unserem Haus gesessen. Von dort aus kann man wunderbar die Mauersegler beobachten. Lange bevor es Zeit wurde, die Kinder zur Schule zu bringen, sah ich, wie die Mauersegler zwischen den Luftschichten hin und her gerissen wurden (sie scheinen ja immer gezogen und gezerrt zu werden und sich nicht selbst zu bewegen, und sie sind zu schnell, um einfach nur durch die Luft zu schweben), und zwar direkt über den Köpfen der Leute, die die Straße entlanggingen.

Diese Leute hätten Anteil an einer der großartigsten Zelebrierungen des Lebens haben können, die es nach unserem derzeitigen Kenntnisstand im Universum gibt. Und die sich ganz und gar nicht subtil vollzieht. Manchmal tun mir davon sogar die Trommelfelle weh, aber es ist ein Schmerz, den ich immer herbeisehne. Von all den Menschen jedoch hob keiner den Kopf. Kein Einziger.

Das lässt mich Schlechtes über die Menschen denken. Dinge, für die ich mich schäme. Ich bin wütend – über die Undankbarkeit der stur auf den Boden Schauenden; ich bin traurig – dass sie diese unvergleichliche Gelegenheit zur Freude ungenutzt verstreichen lassen; ich bin besorgt – denn wenn die Menschen nicht einmal *darauf* reagieren, wie kann man dann von ihnen erwarten, sich für irgendetwas zu interessieren, was wirklich von Belang ist? Dass ich so einer Spezies angehöre, erfüllt mich mit Scham – aber auch, dass ich solche Dinge über Menschen denke, von denen ich weiß, dass sie besser sind als ich: großherzig, gütig und altruistisch. Und es verblüfft mich, wie man so großherzig, gütig und altruistisch sein und trotzdem lediglich ungerührt auf den Gehsteig hinunterstarren kann. Was für Wesen sind wir?

Da haben wir es: Die Mauersegler erzeugen Spaltung. Sie sicheln nicht nur den Himmel in Stücke, sondern teilen die Menschen in Gruppen auf. Es wäre hart, mit jemandem verheiratet zu sein, der Mauersegler nicht mag, und ich bin streng darauf bedacht, dass meine Kinder auf der Straße immer nach ihnen schauen. »Wie könnt ihr nicht hinaufgucken!«, schimpfe ich mit ihnen.

Es ist einer dieser Sommertage, der sogar mich mit England versöhnt. Wir wollen am Fluss baden gehen, ein paar Kilometer stromabwärts. Meine Frau fährt uns hin. Im Hochsommer bin ich ein schlechter Autofahrer, weil *sie* immer irgendwo dort droben sind und meine Blicke auf sich ziehen.

Kaum haben wir geparkt, stieben Mauersegler aus einem Lichtball über einer alten Eiche. Eine kräftige Brise drückt Insektenwogen von der Wiese gegen die Bäume, sodass sie sich auftürmen und eine Zeit lang immer höher steigen, bis sie brechen und wieder auf die Kühe hinunterklatschen. Die Mauersegler surfen durch diese anbrandenden Insekten, drehen sich darin, sammeln Luftkrill aus der Gischt.

Wir springen von einem Baum ins Wasser und lassen die Wasserhaut über unseren Köpfen sich zusammenziehen. Als ich den Kopf wieder herausstrecke, schnappt in nächster Nähe ein Mauersegler im Sturzflug nach einem summenden Käfer, und die Kinder lachen, der Fluss gluckst für sie, und alles strahlt und ist zu viel.

An jenem Abend nehmen wir unser Essen mit zu unserem See in der Nähe, setzen uns ans Ufer und lassen die Beine im Wasser baumeln. Über der dem Wind zugewandten gegenüberliegenden Seeseite liegt feiner Dunst. Es ist ein Schwarm frisch geschlüpfter Mücken, und die Mauersegler hacken sich hindurch, ihre Körper verblassen hinter den Insektenflügeln.

Wahrscheinlich sind es Brüter aus der Gegend, und das ist gerade eine wichtige Zeit für sie. Sie haben rasch wachsende Nestlinge, die innerhalb von vier Wochen für die interkontinentale Reise fit gemacht werden müssen.

Wieder einmal stelle ich eine meiner unwissenschaftlichen Schmierzettel-Berechnungen an, um zu kapieren, was für Wesen Mauersegler sind. David Lack hat 42 Mahlzeiten gezählt, die den Vogeljungen pro Tag serviert werden, was ungefähr 50 Gramm Insekten entsprechen dürfte – etwa 20 000 einzelne Insektenkörper, zusammengeklebt mit Speichel aus den Drüsen, die bereits anzuschwellen begannen, als die Eltern in spe noch über dem Kongo schwebten.

Rechnet man 25 Gramm pro Elternteil, sind das 63 Prozent des Vogelkörpergewichts. Das ist, als würde ich vom Laden um die Ecke (wobei die Ecke auch 100 Kilometer entfernt sein kann, denn um die erforderlichen Kalorien heranzuschaffen, legen Mauersegler oft lange Strecken zurück) tagtäglich 60 Kilogramm Lebensmittel nach Hause schleppen, für die ich 10 000-mal in die Regale greifen musste. Und die erwachsenen Vögel brauchen ebenfalls Nahrung.

Erwachsene Mauersegler trennen streng zwischen Elternzeit und Zeit für sich. Bei gutem Wetter gehen sie für die Kinder auf die Jagd, sobald am Vormittag Insekten unterwegs sind – was je nach Breitengrad allerdings ziemlich spät sein kann, sodass der Nachwuchs den Großteil der erbeuteten Insekten erst nachmittags oder abends bekommt.

Doch gegen Mittag gehen die Eltern – unabhängig vom Wetter – die Nahrungssuche für eine Weile etwas entspannter an. Vermutlich kümmern sie sich dann um sich selbst; sie jagen für den Eigenbedarf; waschen sich vielleicht in einer Regenwolke; steigen mit den jüngeren Vögeln auf und schwelgen in Erinnerungen an die Zeiten, als sie noch nicht unter dem Druck familiärer Verantwortung standen – wie Väter, die im Park wehmütig Fußball spielen; und kümmern sich um ihre Gefiederpflege, drehen in der Luft den Kopf hin und her, heben die Flügel und streichen mit dem Schnabel die Federn entlang, um die klettverschlussartigen Haken wieder zu schließen, die sich durch Windböen und Abnutzung im Nistkasten gelöst haben.

Viel Spielraum haben sie nicht. Oxford mag als das Land erscheinen, in dem Milch und Honig fließen, aber für die Mauersegler ist die Lage immer prekär. In den ersten drei Wochen nach dem Schlüpfen fressen die Eltern die Fäkalsäcke ihrer Nestlinge (wobei die Mütter deutlich mehr davon fressen als die Väter).[90] Dabei geht es vermutlich nicht in erster Linie um Hygiene, sondern um Nahrung und Flüssigkeitszufuhr. Denn der Verdauungstrakt der Vogeljungen arbeitet nicht sehr effizient, ihre Fäkalien enthalten noch eine Menge Wasser und Nährstoffe. Zudem könnte es eine Strategie sein, um den

Appetit zu zügeln – das Elternteil bekommt zumindest irgendetwas in den Bauch und ist dadurch eher bereit, seine Jungen zu füttern anstatt sich selbst; so werden niedere, egoistischere Instinkte unterdrückt und die Stimme des kindsmörderischen Juli-Algorithmus zum Schweigen gebracht, die den Vogeleltern einflüstert, sich lieber um ihr eigenes Überleben zu kümmern, die Kinder umzubringen und nächstes Jahr wieder zu brüten.

An einem 12. Juli gegen vier Uhr nachmittags fiel der Crew eines Vermessungsschiffs 151 Seemeilen vor der Küste Surinams ein schwarzer Seglervogel auf, der um das Schiff flog.[91] Er blieb dort etwa eine Stunde, schwebte still in der Thermik des Schiffs und ruhte sich aus. Da das Tier ein weißes Kinn hatte, identifizierten ihn die Biologen an Bord als Weißkinnsegler, eine in Surinam, Guyana, Venezuela und Nordbrasilien verbreitete Art. Sie posteten in einem Blog ein Foto von ihm und dachten sich nichts weiter dabei.

Ein Jahr später meldete sich das Cornell Lab of Ornithology. Das sei kein Weißkinnsegler gewesen, befanden die Vogelforscher aus Ithaca, New York, sondern ein *Apus apus*, ein Mauersegler – wahrscheinlich ein Jungvogel, wegen der hellen Federsäume an der Stirn.

Das schien unmöglich zu sein. Zwar sind die Mauersegler für ihre weiten Reisen berühmt, man hat sie schon auf der Atlantikinsel Ascension, den Bermudas und – wenn auch sehr, sehr selten – in Nordamerika gesichtet, aber bis Südamerika kommen sie nicht. Und doch war da einer, sein unverkennbarer Kehlfleck war feucht vom salzigen Mangrovenwind, der Unterleib schuppig und reptilienartig. Wie konnte das sein?

Die Biologen hatten dazu ihre eigene Theorie. Sie glaubten, der Vogel sei von seinem Brutgebiet in Europa aufgebrochen (wenngleich Jungvögel im ersten Jahr noch nicht brüten) und habe sich auf dem Weg nach Afrika verirrt. Wie sie anmerkten, war es Ende Juni und Anfang Juli über dem Nordatlantik ziemlich ungemütlich gewesen. Im westlichen Nordatlantik tobte ein Zyklon, und ein schwerer Sturm zog Richtung Westen und verteilte Saharastaub über dem Atlantik und bis nach Florida.

Sie mutmaßten, dass der Mauersegler irgendwo über Senegal oder Mauretanien von seinem Weg abgekommen war, statt wie vorgesehen Richtung Osten ins Innere Afrikas weiterzuziehen. Von dort bis zu dem vor Surinam schaukelnden Schiff waren es etwa 4000 Kilometer, und falls der Mauersegler seine falsche Richtung unbeirrt beibehalten und Rückenwind gehabt hatte, war er vielleicht 300 Kilometer pro Tag vorangekommen und nach zwei einsamen Wochen ohne Nahrung auf dieses Schiff gestoßen. In diesen Tagen spähte er durch aufgewirbelten Saharasand hinunter, blinzelte wegen der Sandkörnchen, zog zum Schutz vielleicht seine Nickhaut über die Augen, hielt vergeblich Ausschau nach Käfern und anderen Mauerseglern und sah höchstens einmal eine umherstreifende Röhrennase, die über die Wellenkämme segelte (weil sich die meisten Meeresvögel noch an ihren Brutplätzen aufhielten), und alle paar Tage in der Ferne ein Containerschiff, beladen mit Lkws und Fernsehern, auf dem Weg nach Rio oder Luanda. Gelegentlich musste er zum Trinken zu einer Wolke aufgestiegen sein.

Ich stelle mir vor, dass er auch Land roch, als er das Schiff sah. Dann entdeckte er die eine oder andere kleine Spinne, ein Mitbringsel aus Hunderte von Kilometer entfernten dichten Wäldern, und fragte sich, ob er letztendlich doch in Afrika angekommen war – und dabei einem ähnlichen Irrtum unterlag wie Kolumbus. Auf dem Schiff befanden sich Menschen, und diese Spezies kannte er von seinem Aufenthalt in Europa. Sie bewohnten Orte, wo es andere Mauersegler und eine Menge Insekten gab, also verweilte er dankbar eine Zeit lang in ihrer Nähe.

Je mehr ich über diesen Mauersegler nachdenke, desto verblüffender finde ich seine Geschichte. Wäre er ein paar Wochen später vor der Küste Südamerikas gesichtet worden, würde ich mir darüber kaum den Kopf zerbrechen. Aber vorausgesetzt, die Biologen haben den Hergang richtig rekonstruiert (was recht plausibel erscheint), was hatte der Vogel dann Ende *Juni* im Senegal oder in Mauretanien zu suchen?

Es stimmt, dass die Jungvögel und die anderen Nichtbrüter tendenziell früher abreisen als ihre brütenden Artgenossen – Mitte Juli ziehen große Schwärme von ihnen aus England fort. Und ja, in den südlicheren Breitengraden, wo die Mauersegler früher eintreffen, verschwinden sie oft auch wieder relativ früh. Doch bei ihrer Rückreise nach Afrika haben sie es keineswegs so eilig wie bei der Frühjahrsmigration. Dass einige von ihnen schon Ende Juni den ganzen Weg bis Westafrika zurückgelegt haben sollen, mutet merkwürdig an.

Die Mauersegler des Nahen Ostens ziehen früher gen Süden als ihre Kollegen aus Europa. Bereits im Juni brechen die ersten israelischen Mauersegler auf, und abgesehen von ein paar Nachzüglern sind sie bis Mitte oder Ende Juli alle fort. Könnte der Vogel vor Surinam also aus dem Nahen Osten stammen? Das ist ziemlich unwahrscheinlich, denn Mauersegler nehmen auf dem

Rückweg nach Zentralafrika mehr oder weniger die gleiche Route wie beim Frühjahrszug – also über den Sinai oder das Rote Meer, vermutlich eine Weile am Niltal entlang und dann in südwestlicher Richtung zum östlichen Kongo und weiter nach Sambia und Angola. Falls der Vogel aus Surinam einer dieser nahöstlichen Mauersegler war, müssten wir davon ausgehen, dass er bereits den ganzen Weg zur westafrikanischen Küste zurückgelegt hatte (warum hätte er das tun sollen?), dort in einen Tropensturm geriet, aufs Meer hinausgetragen wurde und dann entweder einen so schlechten Orientierungssinn besaß, dass er Osten und Westen nicht unterscheiden konnte (obwohl er vorher ja schon vom Nahen Osten nach Afrika gefunden hatte) oder so schlecht fliegen konnte, dass er dem Wind völlig hilflos ausgeliefert war.

Das alles kommt mir derart unwahrscheinlich vor, dass ich versucht bin, mir mit einer übernatürlichen Erklärung zu behelfen. Ich werde den Verdacht nicht los, dass es eine Population aus nicht migrierenden und wahrscheinlich jugendlichen Vögeln geben könnte, die zumindest manchmal in Afrika bleiben, weil sie sich lieber an dem reich gedeckten Insektentisch Afrikas gütlich tun und seidig glänzendes Gefieder und wohlgenährte Körper haben wollen, anstatt all ihre Energie auf eine gefährliche und kostspielige Reise zu verwenden, die nicht einmal mit Sex belohnt wird. Sollte es einen dieser in Navigationsdingen unerfahrenen Vögel durch einen Zyklon auf den Atlantik hinaus verschlagen, wäre er schrecklich orientierungslos, sobald das Land außer Sichtweite gerät.

Was mag aus diesem Mauersegler geworden sein? Nach Afrika kann er keinesfalls zurückgefunden haben. Er erreichte wohl die Regenwälder im Nordosten von Südamerika und verbrachte dort sein Leben. Nahrung fand er sicher genug. Für einen insektenfressenden Vogel dürfte das Überleben in Südamerika kaum schwieriger sein als in Zentralafrika. Doch Mauersegler sind ausgesprochen gesellige Vögel, und seine Einsamkeit muss überwältigend gewesen sein (oder ist es vielleicht noch): das Gefühl, der letzte seiner Art zu sein, vergeblich nach einem Artgenossen Ausschau zu halten, mit dem man sich paaren oder wenigstens zusammen kreischen kann, gelähmt von sexueller Frustration.

Ich würde gerne glauben – kann es aber nicht –, dass sich sein Kompass mit der Zeit neu kalibrierte und er an einem Frühlingstag nach Nordosten aufbrach, wo er mit jäher Freude eine Gruppe sichelflügeliger Jäger erkannte, die gerade eine Pause einlegten, nachdem sie sich an den Fliegen gelabt hatten, die im Hafen von Nouakchott aus Haufen von Fischinnereien aufstiegen; dass er sie begrüßte und sie ihn und sie gemeinsam weiterflogen zu einem im 13. Jahrhundert erbauten Kastellturm in der Alhambra, wo es viele enge, trockene und rattenfreie Gänge gab und man auf einen schönen Innenhof blickte, der einem Stare hassenden Naturfreund gehörte, und dahinter auf blaue Berge.

Die erwachsenen Vögel nehmen die frisch gelegten Eier gründlich in Augenschein. Zeigt sich auch nur der kleinste Riss, wird das anstößige Ei aus der Höhle gerollt und landet neben unseren Fahrrädern auf dem Boden. In den überlebensfähigen Eiern nehmen die Küken Gestalt an: Gliedmaßen knospen, aus Schatten werden Knochen.

Nach dem Schlüpfen sind die Nestlinge blind. Für sie unterscheiden sich Tag und Nacht darin, dass sie tagsüber einen dunklen rötlichen Schimmer wahrnehmen, der nachts fehlt, hingegen sind in der Nacht beide Eltern hier bei ihnen unter dem Dach, es gibt jedoch nichts zu fressen.

In ihren Körpern kommt es innerlich und äußerlich zu Verschiebungen, wie bei tektonischen Platten, die sich zurechtrücken. Ihr Hals beginnt sich zur Brust hin zu verkürzen, ihre Augen bewegen und öffnen sich, der Bauch wird flacher, und ihre Kloake wandert langsam vom Rücken nach unten. Aus ihren Flügeln sprießen dunkelgraue zylinderförmige Gebilde, die wie Schrotpatronen aussehen. Ihre Zehen wachsen zunächst in gegenübergestellter Position wie bei Singvögeln, aber Mauersegler hocken nicht auf Bäumen, daher drehen sich die nach hinten gerichteten Zehen nach vorn zu den anderen. Die durchscheinende, papierdünne Haut wird dicker und dunkler, darunter bildet sich ein veränderliches Archipel aus gelbem Fett, dessen Inseln sich vergrößern und ineinander übergehen, wenn das Wetter gut ist, und sich bei Regen verschmälern und separieren.

Ihre ersten Sinneswahrnehmungen sind die Wärme des elterlichen Gefieders, die metallische Klebrigkeit zermalmter Käfer, die ihnen in den Schlund gestopft werden, das monotone Regengeplätscher, ein gelegentlicher brutaler Hitzeschwall, wenn die Nachmittagssonne die Nisthöhle in einen Backofen verwandelt, und die Kleinlichkeiten, Gemeinheiten, Freuden und Nettigkeiten in unserem Haus: die Musik, die Kämpfe, die Spiele, die Gutenachtgeschichten.

Die ersten Geräusche, die die Nestlinge nach dem Schlüpfen hören, sind – neben dem leisen Gesäusel ihrer

Eltern – Rachel und Jonny, die sich um Sachen und Territorien streiten. Sie hören lautstark geäußerte Besitzansprüche: »Das ist meins«; »Nein, das hat Jamie mir gegeben«; »Ja, aber dann hat er gesagt, dass er dich blöd findet, und hat's dir weggenommen und mir gegeben.« Damit bekommen sie eine gute Einführung in die Welt der sich bekämpfenden Menschen des Neoliberalismus. Die Mauersegler wissen alles über die Demokratische Republik Kongo, bevor zum ersten Mal Gewehrfeuer an ihre Ohren dringt.

Sie hören, wie Jamie auf seiner Geige herumkratzt, Tom verdrossen vor sich hin schrammelt, Jonny über seinen Jazzakkorden brütet, Rachel einen Song von Taylor Swift vor sich hin trällert und ich seufze und fluche und vergeblich frage, ob ihnen die Harry-Potter-Hörbücher von Stephen *Bloody* Fry nicht langsam zum Hals raushängen und sie es nicht stattdessen mal mit *König Lear* versuchen wollen, weil da einfach mehr drinsteckt, während meine engelsgleiche Frau Mary Frieden stiftet und alle mit Saft und Tee und Gebäck besänftigt. Von draußen hören die kleinen Mauersegler höflich ausgetragenen Streit um Mülltonnen und Grundstücksgrenzen und die sich stauenden Autos auf dem Weg zum Einkaufszentrum, das den Verkehr in Oxford lahmlegt und sicher nicht zur Vergrößerung des Insektenangebots in der Luft beiträgt.

Ab und zu hören sie mich vielleicht auch aufgeregt nach Luft schnappen, wenn ich mich, den Kopf nahe an ihrem Höhleneingang, aus dem Fenster lehne, weil ich hoffe, sie von Angesicht zu Angesicht zu sehen und Teil ihrer Welt zu werden.

Unmittelbar nach dem Schlüpfen wiegt ein Mauersegler etwa 2,75 Gramm. Bei gutem Wetter hat sich sein Gewicht bis zur vierten Wochen etwa verzwanzigfacht und die wichtige Marke von 56 Gramm erreicht. Würde ein neugeborenes, dreieinhalb Kilogramm schweres Menschenbaby im selben Maße zunehmen, brächte es im Alter von einem Monat 70 Kilogramm auf die Waage.

Selbst in noch so mageren Jahren sind alle überlebenden Nestlinge am Ende schwerer als ihre Eltern. In der letzten Woche, bevor sie flügge werden, müssen sie allerdings wieder abnehmen. Das Fett unter der Haut und um die Leber war ihre Lebensversicherung gegen das Risiko eines katastrophalen Sommers, doch jetzt zerreißen sie die Versicherungspolice, weil eine andere Art von Mathematik gefragt ist.

Und zwar die Mathematik des Fliegens.[92] Bei einem Leben in der Luft dreht sich alles um die sogenannte Gleitzahl, das Verhältnis von aerodynamischem Auftrieb zu Luftwiderstand. Dieses Verhältnis verbessert sich in dieser letzten Woche des fröstelnden Fastens unter dem Dach (wie ich es wohl empfinden würde, wenn ich einen ganzen Monat fasten müsste) um 9,8 Prozent. Der Verlust an Körpermasse reduziert die notwendige Mindestgeschwindigkeit für den Kraftflug, lässt die Vögel ausdauernder und energiesparender fliegen und erhöht die Reichweitenleistung insgesamt: Momentan ist das zwar alles noch nicht relevant, aber das wird es bald sein – wahrscheinlich, so vermute ich, in ein paar Wochen irgendwo in Nordafrika.

Zunächst entwickelt sich eine mächtige aerodynamische Synergie: Mit jeder Minute wachsen die Flügel ein bisschen mehr und das Körpergewicht wird geringer, was heißt, dass die Gleitzahl größer wird und der Fluganfänger leichter in der Luft bleiben und auch manövrieren kann. Das sind essenzielle Fähigkeiten, ohne die der Vogel bei seinem ungelenken Jungfernflug durch die Vororte auf die Hausdächer krachen würde. Oder er würde verhungern: Unerfahrene Jäger fangen Insekten nur mit großer Mühe, während ihren Eltern dafür ein leichtes Schrägstellen einer Feder genügt.

Bei Vogelzügen kann die Fluggeschwindigkeit eine Rolle spielen, im Herbst kommt es darauf allerdings weniger an. Normalerweise werden die Jungvögel im Lauf der Reise kräftiger und leistungsfähiger. Wanderer, die den Pennine Way schlaff und wabbelig beginnen, sind am Ende rank und schlank und durchtrainiert. So verhält es sich auch bei den jungen Mauerseglern. Jedenfalls dürfen sie noch nicht sofort, nachdem sie flügge geworden sind, nach Afrika ziehen, sondern müssen erst auf heimischem Gebiet eine behutsame Flugausbildung absolvieren. Sobald sie einmal in der Luft sind, entwickelt sich ihr Körper mehr und mehr zu einer Flugmaschine. Die Flügel sind bei den Jungvögeln kürzer als bei den Erwachsenen, werden aber vermutlich länger, wenn sie zu fliegen begonnen haben. So hat man es zumindest bei Fledermäusen festgestellt, und man kann sich gut vorstellen, dass der Vogel besser mit kürzeren Flügeln zurechtkommt, bis er sich ans Fliegen gewöhnt hat – so wie kurze Ski für Anfänger geeigneter sind. Die Flügel der jungen Mauersegler sind gewissermaßen das Basismodell, das im Lauf der Zeit – während des Flugs nach Afrika – Upgrades bekommt.

Das Verhältnis zwischen Körpermasse, Flügellänge und Kraft ist äußerst wichtig. Wenn es nicht stimmt, plumpst der junge Mauersegler wie ein Stein zwischen die ausgesonderten Eier neben unseren Fahrrädern, bis er von einer Katze zerfleddert wird. Manchmal überschätzen sie sich. Einige dieser Jungvögel, die sich verkalkuliert haben, stehen eingelegt in Marmeladengläser in meinem Arbeitszimmer. Aber die meisten schaffen es, auch weil sie sich mit Liegestützen darauf vorbereiten.

Etwa ab der vierten Lebenswoche beginnen sie, die Flügel zu strecken und sie nach unten zu drücken, um Körper und Füße vom Boden abzuheben. Anfangs gelingt ihnen das noch gar nicht, aber mit der Zeit werden sie besser, und sobald sie flugfähig sind, schaffen sie es zehn Sekunden oder länger. Auf diese zehn Sekunden sind sie programmiert: Jetzt wissen sie, dass ihre Gleitzahl hoch genug ist.

Es kann losgehen.

Swiftlets 20 days old

August

Ich habe versucht zu ignorieren, dass der August naht. Aber die Anzeichen häufen sich bedrohlich: Schultheateraufführungen, Werbung für Last-Minute-Charterflüge nach Ibiza, eine nachlassende Bedeutung der Grenzen der Oxforder Mauersegler-Kolonien, sodass sich Gruppen aus verschiedenen Kolonien zu mischen beginnen, und viele weitere Kreischpartys.

Es weiß niemand (wann haben Sie diesen Halbsatz schon mal gehört …?), warum es jetzt mehr Kreischpartys gibt. Vielleicht festigen die Mauersegler damit alte Bündnisse innerhalb ihrer eigenen Kolonien und schmieden neue mit anderen von weiter weg. Vielleicht wollen sie auf der langen Reise, die vor ihnen liegt, Gesellschaft haben; vielleicht nutzen sie (insbesondere, wenn sie in diesem Jahr nicht gebrütet haben) diese in der Saison einmalige Gelegenheit, um einen Blick in die anderen Reviere zu werfen und so im nächsten Frühjahr frühzeitig Anspruch auf ein freies Loch erheben zu können; oder sie genießen ein letztes Mal die Geselligkeit, bevor sie vom Himmel verschluckt werden; möglicherweise erhöhen sie damit auch ihre Chancen, jemanden bereits zu kennen, wenn sie alle bunt durcheinandergewürfelt den

Winter in Afrika verbringen; vielleicht sammeln sie Informationen und Meinungen über den optimalen Zeitpunkt für den Abflug.

Ich bezweifle allerdings, dass es logistische Gründe dafür gibt, einfach weil die Mauersegler so unsystematisch losziehen. Gäbe es zwingende meteorologische oder andere Gründe, um zu einem bestimmten Zeitpunkt aufzubrechen, könnte man doch erwarten, dass alle ungefähr gleichzeitig abreisen. Aber das tun sie nicht.

Es ist schwer, sich ein klares Bild davon zu machen, was sie eigentlich tun. Manche Leute sagen, dass die Jungvögel oft vor den Brutvögeln abfliegen, insbesondere bei schlechtem Wetter. Das klingt einleuchtend: Zu dieser Zeit gibt es in Oxford (noch) nichts, worum sie sich kümmern müssten, und die Welt liegt ihnen zu Füßen. Andere Leute wiederum behaupten, die Jungvögel würden etwa im gleichen Zeitraum abfliegen wie die Brüter, aber eher gegen Ende, um ihren Anspruch auf die Nisthöhle, die sie im nächsten Mai zu besetzen hoffen, länger zu bekräftigen. Von jungen Schwalben weiß man jedenfalls, dass sie viel Zeit mit Erkundungen verbringen, bevor sie in den Süden ziehen – was sich auszuzahlen scheint: Früh geschlüpfter Nachwuchs, der mehr Zeit hat, sich umzusehen, hat im folgenden Jahr in der Regel bessere Chancen auf einen Brutplatz.

Aber was mache ich da? Es ist gerade erst August, und ich stelle mir bereits vor, dass sie weg sind. Typisch. Ich habe Angst, sie zu nah an mich heranzulassen, weil ich den Verlustschmerz fürchte. Also schlage ich die Bücher zu, schließe den Ordner mit den wissenschaftlichen Aufsätzen, schalte den verdammten Laptop aus und renne hinaus auf die Wiese neben dem Baum, wo ich mich einst, schwankend im warmen Wind, mitten in einer Schar nach Insekten schnappender Mauersegler wiederfand und in einen grauen Schnabel voller Nymphen starrte. Unterwegs weiche ich den ordentlich zugebundenen Plastiktüten mit Hundescheiße aus, die von Menschen zurückgelassen wurden, die mir noch unverständlicher sind als Mauersegler, dann lasse ich mich auf den Rücken fallen und schaue nach oben und bete um eine Mauersegler-Erscheinung, die niemals kommt, woraufhin ich zurück in mein Arbeitszimmer gehe, und kaum habe ich mich hingesetzt und fange an zu tippen, sind sie draußen vor meinem Fenster, denn so ist es nun mal.

Wenn die Jungvögel ihr Nest verlassen, ist dies die dramatischste Veränderung in der Welt der Natur. Es ist ein Wechsel zwischen Seinszuständen, wie vom festen in einen gasförmigen Aggregatzustand. Nichts *Biologisches* ist damit vergleichbar, außer dem Tod – dem Heimgang einer Seele. Homer schreibt über die Seele eines gefallenen Kriegers, die durch seine Nase austritt und in die Erde zurückkehrt. Mauersegler-Jungvögel treten aus einer nasenlochähnlichen Öffnung im Körper eines Hauses heraus und werden Teil der Luft. Verglichen damit ist die Metamorphose von einer Raupe in einen Schmetterling ähnlich wundersam wie eine Umsatzsteuererklärung.

Die Jungvögel wissen, dass es wie Sterben ist – und dass sie, sollten sie ihre Liegestütze nicht ausreichend trainiert haben, tatsächlich sterben könnten.

Bevor der Jungvogel ausfliegt, schlurft er ein paar Tage lang zum Eingang des Lochs, schaut hinaus und hinunter und rundherum und kehrt dann viele, viele Male wieder um, zieht sich in die sichere Dunkelheit zurück, traut sich erneut hervor und geht wieder zurück, bis er sich schließlich eines Morgens, normalerweise vor acht Uhr und immer während der Abwesenheit der Eltern (Sterben ist etwas, was man allein tun muss), in die Luft stürzt. Diese erste Reise könnte seine letzte sein. Wenn es aber nicht die letzte ist, wird er – außer ganz kurz – mindestens zwei, vielleicht sogar vier Jahre lang kein festes Land mehr unter den Füßen haben. Sobald er in der Luft ist, weiß er sofort, dass dies sein Element ist; dass der hölzerne Dachvorsprung, der so solide und verlässlich schien, nebulös und substanzlos ist wie ein Traum.

Er kann die Flügel spreizen, seine Drehungen perfektionieren, mit den anderen kreischen und in seinem heimischen Revier Muskelaufbau betreiben. Er beobachtet vielleicht, wie seine jüngeren oder ängstlicheren Geschwister ebenfalls entdecken, dass der Dachvorsprung eine Falle, eine Illusion, eine Täuschung ist, sich abstoßen und beim Zusammenprall mit der schmutzigen, elenden Festkörperwelt umkommen. Oder er wendet sich nach Süden (wie?) und fliegt hinauf und fort (wie?), zu einem Ort, an dem er noch nie zuvor war (wie?), Tausende und Abertausende von Kilometern entfernt (wie?), um dort in der Schwüle die Nestlinge wiederzutreffen oder auch nicht zu treffen, die er zur Seite gedrängt und gepickt hat, und die Eltern, die sich für ihn fast umgebracht hätten.

Was auch immer er tut, er wird in diesem oder im nächsten Jahr nicht zum Nest zurückkehren, ja womöglich nie mehr. Falls er jedoch wiederkommt, dann als stolzer Sieger im Kampf um die Fortpflanzung, der das Anwesen seiner toten oder geschwächten Eltern übernimmt, wenn auch ohne Erbanspruch.

Allerdings kehren erst einmal die Eltern ins Nest zurück, nachdem der Nachwuchs ausgezogen ist. Und sie verhalten sich wie menschliche Eltern in dieser Situation. Ergriffen schweifen ihre Blicke über das alte Kinderzimmer. Sie räumen sinnlos Dinge um. Sie sind fassungslos und desorientiert und nächtigen in dem alten Nest, obwohl sie über den Wolken dösen könnten. Sie holen Schlaf nach und futtern, um sich auf Afrika vorzubereiten, aber ohne jeden Hauch von selbstgefälligem Triumph. Sie wirken wie entwurzelt – und als wüssten sie nicht mehr, was für einen Sinn das Leben noch hat. Bis sie sich dann, sofern das Wetter passt, etwa dreieinhalb Wochen nach den Jungvögeln zum Aufbruch rüsten und selbst in den Süden entschwinden.

Ich habe ihre Abreise noch nie miterlebt. Ich habe viel zu viel Angst, ihnen dabei zuzuschauen. Meistens findet ihr Abflug ziemlich früh am Morgen oder in der Abenddämmerung statt. Ein Schwarm versammelt sich und kreischt und schraubt sich in die Höhe. Einige sind nur mit hochgeflogen, um sich von den anderen zu verabschieden, scheren dann aus und kehren zurück, aber die meisten der Gruppe tauchen, gerade noch in Sichtweite und bereits knapp jenseits der Grenze des Verstehens, in eine Wolke ein, als wollten sie den Schmutz von Oxford abwaschen, ehe sie in Richtung Südwesten davonfliegen.

»Warum ziehen sie fort?«, fragt die reizende Nachbarin und blickt verzweifelt in die Stille hinauf. Sie meint die Frage, wie auch ich sie meinen würde, als einen Tadel an sich selbst. Oxford und sie wurden von den strengsten Richtern gewogen und zu leicht befunden.

Wie alle lohnenden Fragen kann auch ihre auf vielen Ebenen gestellt und beantwortet werden.

Die Mauersegler müssen fort sein, bevor die Sonne fort ist. Wenn man kein Wasservogel ist, sind das hier im Winter elende, sterile Inseln.

Anscheinend versuchen ein paar Schwalben, bei uns zu überwintern. Sie werden sterben, aber einige Spuren ihrer Pioniergene werden in besonneneren Vögeln überdauern und sich durchsetzen, wenn das Klimachaos den Winter im Norden in eine Sauna verwandelt hat, um uns Winterschwalben zu bescheren. Zweifellos wird das Gleiche bei den Mauerseglern geschehen. Aber die Fragen: »Warum gerade jetzt?« und: »Was ist der Auslöser für den Abflug?« sind nicht so einfach zu klären.

Früher glaubte man, dass es am Licht liegt und dass die Mauersegler aufbrechen, sobald es weniger als 17 Stunden Tageslicht gibt.[93] Aber das ist nicht der Fall. Je weiter man nach Süden kommt, desto schneller schwindet das Tageslicht, doch das Muster dieses Schwindens stimmt nicht mit dem Muster des Mauersegler-Abflugs überein.

Auch das Nahrungsangebot kann nicht der Grund sein. Gilbert White schlussfolgerte 1769, dass Mauersegler »sich von einigen Arten hochfliegender Kriebelmücken, Skarabäen oder *Phalænae* [Nachtfaltern] ernähren, die nur kurz währen; und dass der kurze Aufenthalt dieser Fremdlinge durch den Mangel an ihrer Nahrung bedingt ist«[94]. Es stimmt, in einem typischen August schlüpfen nicht so riesige Mengen an Insekten wie zu Sommeranfang, und staubtrockene Käfer treten an die Stelle saftiger Wanzen (ich stelle mir das wie den Wechsel von Rumpsteak zu Bohnen auf trockenem Toast vor). Aber auch von Bohnen auf Toast kann man gut leben, und der Himmel liefert bis weit in den Herbst hinein reichlich Kalorien.[95] Nein: Es ist einfach so, dass England seine

Schuldigkeit getan hat. Es ist eine Brutkammer, und sobald die Brut fort ist, gibt es keinen Grund mehr zu bleiben, außer vielleicht, um sich eine Weile von den Strapazen der Elternschaft zu erholen, einen letzten sentimentalen Blick ins Kinderzimmer zu werfen und die Fettreserven aufzufüllen, damit der Motor auf der bevorstehenden Reise schnurrt. Wobei nicht einmal das unbedingt nötig ist: Eltern von Spätschlüpfern fliegen los, kaum dass der Nachwuchs das Nest verlassen hat.

Es gibt keine schonende Art, es der Nachbarin beizubringen: Die Mauersegler haben sie benutzt. Das hier ist eben nicht ihr Zuhause.

Ich versuche, nicht da zu sein, wenn sie abfliegen, um diese plötzliche, grässliche Leere zu vermeiden. Wenn sie »unsere« Kolonie verlassen haben, sind sie fort, daran lässt sich nichts deuteln, und der gelegentliche Anblick sonstiger Zugvögel über unseren Köpfen betont es nur noch: Der Mauersegler ist keiner von uns.

In die Leere, die die Mauersegler hinterlassen haben, strömt allerlei Gift: Panik angesichts der Geschwindigkeit, mit der die Welt sich dreht, und wegen der schleichenden Dunkelheit; Hypochondrie; Gereiztheit und schmachtende Selbstbefangenheit. Jetzt, da der Himmel nicht mehr freudig kreischt, höre ich das stetige Voranschreiten von Auflösung und Verzweiflung. Man sagt mir, im Garten dufte es nach Rosen, aber ich rieche Verwesung. Und friere, während die Sonne herunterbrennt.

»Herrgott, es sind *Vögel!*«, erinnert mich der ehemalige Freund. »Es ist nichts weiter passiert, als dass ein paar Vögelchen jetzt woanders zwitschern. Du brauchst dringend professionelle Hilfe.«

Nun, da wir Kinder haben, ist es nicht mehr so einfach, aber manchmal stopfe ich trotzdem mitten im August Klamotten und Fernglas in einen Rucksack und folge ihnen. Hin und wieder fahre ich nach Südspanien, weil sie sich gern durch die Straße von Gibraltar drängen.

Meistens nehme ich den Zug, erstens weil ich Züge mag, aber auch weil ich es für richtig halte, stets zu den Mauerseglern aufzuschauen. Es wäre nicht angemessen, vom Flugzeug aus auf sie herabzublicken – obwohl ich diesem Prinzip im Lauf der Jahre nicht immer treu gewesen bin.

In Spanien angekommen, gehe ich zu derselben Klippe, auf der ich im Frühling sitze, halte Ausschau nach dem Flattern, das mir sagt, dass sie dort oben sind, und sinniere unwissenschaftlich, dass das dort ein portugiesischer Mauersegler ist und das ein Däne, und das ist eindeutig ein Franzose, aus Paris noch dazu. Aber ich war auch schon da, als sie nicht mehr kamen, und das war schlimm, wirklich schlimm. Colm Tóibín sagte, das einzig Gute am Tod von Vater oder Mutter sei, dass es nicht noch einmal passieren könne. Wenn man nach Gibraltar fährt, riskiert man einen zweiten Trauerfall, und das, obwohl man nach dem ersten noch dünnhäutig ist.

»Pathologisch«, sagt der ehemalige Freund. »Jemand sollte über dich promovieren. Bei deinen Neurosen müsste es für einen Doktortitel reichen.«

Häufiger reise ich allerdings nach Griechenland, denn dort gibt es bis weit in den Herbst hinein Mauersegler zu sehen, und sie scheinen sich dort wohler zu fühlen als irgendwo sonst in Europa – wie auch ich. Wobei ich nie mein Fernglas einpacke, wenn ich im Herbst nach Griechenland fahre, denn ich habe den schlimmen Verdacht, dass es sich nicht um Mauersegler, *Apus apus*, handelt, die da um den Turm in Ouranoupoli kreisen, um Monemvasia Kastro jagen oder zwischen den silbrigen Olivenbäumen auf dem Hügel über Areopoli Slalom fliegen – und für die Bestätigung habe ich nicht genug Mumm. Besser, ich finde es nicht zweifelsfrei heraus. Lieber gebe ich mich meiner Illusion hin, es schadet ja niemandem.

»Außer dir selbst natürlich«, höhnt der ehemalige Freund. »Du solltest besser der ach so schrecklichen Möglichkeit ins Auge sehen, dass es Fahlsegler sein könnten.«

Mauersegler, die die Straße von Gibraltar überqueren, fliegen nicht einfach nach *Afrika*. Sie fliegen in bestimmte Gegenden von Afrika. Die einzelnen Vögel haben ihre Lieblingsrouten und ihre bevorzugten Ziele.[96] Dabei wird deutlich, dass der Kongo und Liberia im Frühjahr zwar ein Schmelztiegel für Mauersegler aus vielen afrikanischen Regionen und mit den unterschiedlichsten europäischen Brutgebieten sind, dass die afrikanischen Mauersegler- Populationen jedoch recht straff nach Breitengraden organisiert sind.[97] Die Mauersegler, die in Europa am weitesten südlich brüten, überwintern auch in Afrika weiter südlich (an eher kühleren Orten wie Mosambik und Sambia), während die ganz im Norden Brütenden auch weiter nördlich (an heißeren Orten, in Äquatornähe) überwintern. Das mag auf den ersten Blick nicht sonderlich überraschen. Es scheint, als gäbe es eine maximal zumutbare Länge für den Vogelzug, weshalb ein Mauersegler, der aus Norwegen gekommen ist, nicht so weit in den Süden ziehen möchte wie einer, der von Sizilien losgeflogen ist. Aber es steckt mehr dahinter:

Die im Süden brütenden und im Süden überwinternden Mauersegler sind größer als die weiter nördlich brütenden und überwinternden Vögel, außerdem ziehen sie mehr Nachwuchs auf und treffen früher in den Überwinterungsgebieten ein, in denen die jahreszeitliche Vegetation am üppigsten ist.

Die den Süden bevorzugenden Vögel sehen aus wie eine geschniegelte, gepäppelte und verwöhnte Elite, die mit der Wahl ihres Sommerquartiers das große Los gezogen hat und nun die Früchte erntet. Wer würde sich denn von herbizidverseuchten Erdflöhen aus den Rapsfeldern entlang des M25-Motorway ernähren wollen, wenn man sich an Öko-Nymphen von einem nach Thymian duftenden Berg in Arkadien laben kann? »The winner takes it all«, wusste schon Darwin: leckere Kost, viel Nachwuchs, Blick aufs Mittelmeer.

Und das könnte tatsächlich die Erklärung sein. Vielleicht gibt es einen erbitterten Wettkampf um die Nistplätze in den luxuriösen südlichen Regionen. Und die großen, starken, aggressiven Individuen setzen sich durch und vermehren sich dort, wo sie leicht Beute machen können und große, starke, aggressive Kinder aufziehen, die zu gegebener Zeit das Anwesen ihrer Eltern erben und wie diese sämtliche schwächeren Anwärter mit nördlichem Akzent, die eine Verbesserung ihrer Wohnverhältnisse anstreben, in die Flucht schlagen. Das würde bedeuten, dass die Brüter im Norden bei der Evolution tatsächlich nur zweite Wahl waren und davon leben, was ihnen die Vögel des Südens übrig gelassen haben.

Es gibt mehrere Möglichkeiten zur Ehrenrettung der nördlichen Vögel. Man könnte argumentieren, dass sie zähe, hoch spezialisierte Überlebenskünstler sind, die einen kleineren Körper entwickelt haben, weil sie damit weniger Energie benötigen und so in der Lage sind, an den kälteren, unfreundlicheren nördlichen Rändern Europas zu überleben, wo die fettgefressenen Warmduscher des Südens zugrunde gehen würden. Oder dass diese drahtigeren Körper besser für die höheren Temperaturen am Äquator geeignet sind.

Gut, die Vögel des Nordens sind in der Tat beeindruckend. Es ist schwer, Kinder in Kälte und Hitze aufzuziehen, aber sie schaffen es. Doch wer ist der Gewinner? Wer schneidet am besten ab? Ich fürchte, in Darwins frostiger neoliberaler Welt liegt die Antwort auf der Hand. Denn was heißt Erfolg? Es bedeutet nicht, das Beste aus einer miesen Situation zu machen; nicht, das schlechte Blatt, das dir das Schicksal in die Hand gegeben hat, geschickt auszuspielen. Was zählt, ist der Output, das Bruttoinlandsprodukt, die Reproduktionsrate. Und da heimsen die Vögel des Südens den Preis ein.

Allerdings sind es gerade die Reproduktionsleistungen der tapferen Vögel des Nordens, die die Mauersegler als Spezies so ungeheuer beeindruckend machen. Der Himmel ist nicht nur ein einziger Ort: Er ist voller deutlich voneinander abgegrenzter Nischen, von denen jede unterschiedliche physiologische Merkmale und Verhaltensanpassungen erfordert. *Apus apus* weiß die verschiedensten Nischen brillant zu nutzen. Die Softies des Südens können sich, falls sie überhaupt einen gewissen Mauersegler-Stolz haben, nur im Abglanz des Ruhms ihrer verachteten Cousins aus dem Norden sonnen.

Es heißt, überwinternde Mauersegler seien still. Sicher, es gibt keine ausufernden Kreischpartys – was bedeuten könnte, dass diese Partys etwas mit der Bindung an ihre Kolonie oder dem Geltendmachen von Gebietsansprüchen zu tun haben. Aber in Afrika sind sie oft sehr hoch oben unterwegs – weit außerhalb menschlicher Hörweite. Und sie machen den ganzen Winter über in der Dämmerung ihre Steigflüge. Wenn es sich dabei, was wahrscheinlich ist, zumindest teilweise um Gruppen handelt, die Informationen miteinander austauschen, dann können sie wohl kaum stumm sein.

Und kann ein Vogel, der in Europa so intensiv Beziehungen pflegt, seine Persönlichkeit und seine Gewohnheiten derart ändern, sobald er das Mittelmeer überquert hat? Das wäre ja, als würde sich ein geschwätziger, kichernder, beschwipster Teenager in einen Trappistenmönch verwandeln, sobald er auf dem Flughafen von Casablanca die Landebahn betritt.

Viele Vögel – und es gibt keinen Grund zu der Annahme, dass das bei Mauerseglern anders ist – können Töne unterscheiden, die weniger als zwei Tausendstelsekunden auseinanderliegen. Menschen schaffen das erst ab einem Abstand von einer Zehntelsekunde.

Anders gesagt: Wenn der Zweck von Vokalisierung darin besteht, Informationen zu übermitteln, können Vogelstimmen pro Zeiteinheit bis zu 50-mal mehr Informationen über Töne übermitteln als wir.

Eine einstündige Vorlesung, vorgetragen mit der für unser Wahrnehmungsvermögen maximalen Geschwindigkeit, könnte ein Vogel in einer Minute und zwölf Sekunden hören und verarbeiten. Diese jubilierenden, flüchtigen Piepser, bei denen Sie den Kopf heben sollten, enthalten die Informationen vieler Seiten eines menschlichen Buches.

Wann immer ich Mauersegler an den Rändern Europas im Herbst am Himmel gehört habe, waren sie alles andere als leise. Verschlägt ihnen das Meer wirklich für die nächsten neun Monate die Sprache?

Ansonsten sind momentan keine Zugvögel zu sehen. Die Kuckucke sind schon seit ein paar Wochen fort; nur sie und die Mauersegler *benutzen* Europa auf diese kühl geschäftsmäßige Weise als Reproduktionsmittel – sie bleiben nur so lange, wie es ihnen die Diagramme und Formeln vorschreiben, und entwickeln keine Bindung an den Ort. Vielleicht rufen Mauersegler bei uns so leidenschaftliche, wahnhafte Reaktionen hervor, gerade weil sie unsere Liebe nicht erwidern.

Im September und Oktober stehen andere Vögel auf der Startbahn von Gibraltar Schlange, um gen Afrika abzuheben. Sie werden sich tapsig in die Lüfte erheben und sich durchwursteln. Man kann sehen, wie sie gezaust und herumgeschleudert werden; man kann die ächzende Anstrengung hören, wenn sie nervös mit den Flügeln schlagen. Falls Sie schon einmal Mauersegler beobachtet haben, sieht das hier weniger nach Fliegen aus als vielmehr nach dem panischen Planschen eines Kindes, das schwimmen lernt.

Jetzt aber, in Südspanien, gehört der Himmel den Mauerseglern. Gierige Möwen stürzen sich am Strand auf ein Stück Kuchen. Im Gebüsch hinter mir halten kleine braune Vögel ängstlich Ausschau nach Katzen. Dohlen geben scheppernde Geräusche wie aneinanderstoßende Tassen von sich, und Krähen prüfen den Puls von allem, was sie sehen, in der Hoffnung, dass es vielleicht bald ein Kadaver ist.

Draußen auf dem Meer jagen sich die Wellen, sie hüpfen auf und ab und spielen Fangen wie Kinder, die zu viel Zucker gegessen haben. Die Luft ist ein Chaos aus Tümpeln voller Strudel. Um mit solch einer Luft zurechtzukommen, geschweige denn, sich darin fortzubewegen, muss man in ihr zu Hause sein. Die Mauersegler ziehen so bedächtig ihre Kreise wie fette Enten auf einem Dorfteich.

Ja, die Mauersegler *benutzen* Europa, aber wenn Europa seine Aufgabe als Brutkasten erledigt hat, machen sie sich nicht immer schnurstracks auf den Weg nach Afrika. Denn auch Afrika ist nicht wirklich ihre Heimat. Das ist die Luft, und Luft gibt es auch in Europa, selbst wenn sie nicht so interessant oder sauber ist wie die salzhaltige Luft in Angola oder die nach gärendem Kürbis riechende Luft in Benin. Also lungern einige von ihnen noch hier herum.

Wer bezweifelt, dass Vögel Individuen sind, sollte sich die uneinheitlichen Meldungen von Vogelbeobachtern und die Artikel systematischer Mauersegler-Experten anschauen. »Heute drei über Nizza.« – »Toulon: Eine kleine Gruppe zieht mittags nach Südwesten.« – »Sie sind immer noch bei uns – gerade eben – in der Dordogne.« – »Sieht aus, als wollten sie sich über den Winter in Grenada niederlassen« (was sie aber nicht taten). Immer mit der Resignation und der trügerischen Hoffnung, die ich aus eigenem Erleben kenne.

Die Trackingdaten der Wissenschaftler zeichnen ein ähnlich unklares Bild. Viele schwedische Mauersegler legen einen etwa zweiwöchigen Zwischenstopp auf der Iberischen Halbinsel ein, bevor sie in die Sahara weiterfliegen. Viele aber auch nicht.[98] Einige dänische Mauersegler treffen am 1. September in der Sahelzone ein. Andere nicht.[99] Die Bandbreite ist immens. Um von Schweden bis zur Grenze zwischen Niger und Tschad zu gelangen, brauchen schwedische Mauersegler zwischen vier und 72 Tagen.[100] Die Gesamtzeit bis zu ihrer Rückkehr in die Überwinterungsgebiete beläuft sich auf durchschnittlich 69 Tage, mit einer Spanne von 30 bis 99 Tagen.

Es ist eine Reise ohne Hast:[101] Die 69 Tage setzen sich aus 30 Reisetagen und 39 Tagen Zwischenstopps (von jeweils mehr als zwei Tagen Dauer) zusammen. Diese Pausen sind gleichmäßiger über die Strecke verteilt als im Frühjahr, auch verläuft die gesamte Migration entspannter – im Frühjahr beträgt die durchschnittliche Reisezeit schwedischer Mauersegler 29 Tage, mit einer Spanne von 18 bis 34 Tagen. Im Herbst weichen sie auch stärker von der direkten Route ab. So ist die Herbstmigration im Durchschnitt 53 Prozent länger, als es der direkte Weg wäre, im Frühjahr hingegen nur 43 Prozent. Wobei der Umweg im Frühjahr vor allem der ausgedehnten Rast in Liberia geschuldet ist, wo sich die Mauersegler die Bäuche vollschlagen. Die Pausen im Herbst haben eher etwas von Sightseeingtouren an sich. Zudem sind die Geschwindigkeiten im Herbst und im Frühling sehr unterschiedlich. Im Herbst fliegen die Vögel, wenn man die Zwischenstopps mit einberechnet, 169 Kilometer pro Tag beziehungsweise knapp 343 Kilometer pro Tag ohne die Zwischenstopps. Im Frühjahr hingegen fliegen sie inklusive Zwischenstopps 335 Kilometer pro Tag, ohne Zwischenstopps gerechnet sind es sogar 468 Kilometer pro Tag.

So! Was für eine wilde Hatz durch jede Menge Zahlenmaterial, das Ergebnis Tausender Stunden, die kluge Leute in Labors, an Computern und in stickigen Mauersegler-Türmen verbracht haben. Wie immer, wenn ich die wissenschaftliche Literatur durchforste, beschleicht mich das unangenehme Gefühl, dass etwas nicht stimmt. Ich starre auf das Blatt, entschlüssele das Diagramm, versuche, die Gleichungen zu lösen. Und dann schaue ich nach oben und sehe Anmut, Kraft und Erlösung, und ich verstehe nicht, was die gedruckten Seiten mit dem wogenden Himmel zu tun haben sollen. Keine Ahnung, was an erster Stelle steht – die Tabellen oder die Anmut. Ich weiß nicht, wie viel Beschleunigungsvermögen, Ausdauer oder Sauerstofftransportkapazität des Hämoglobins verloren gehen kann, bevor ein Mauersegler aufhört zu sein, was er ist. Ich weiß nicht, ob sie ihre erlösende Kraft verlieren würden, wenn sie in Liberia keine Pause einlegen würden. Aber wahrscheinlich ist das alles nur eine andere Art zu sagen, dass ich, wie jeder Mensch, der je gelebt hat (außer dem ehemaligen Freund), die rätselhafte Beziehung zwischen Materie und Geist als verwirrend und beunruhigend empfinde.

Während ich auf der spanischen Klippe sitze und verträumt aufs Meer schaue, bemerke ich, wie sich einer der Kellner drinnen im Café mit einem siebenjährigen Gassenjungen unterhält. Der Kellner zeigt auf mich und gibt genaue Anweisungen. Mehrmals nickt der kleine Bursche, als ob er seinen Text lernen würde, öffnet dann die Tür zur Terrasse und kommt langsam auf mich zu. Er spricht ein einfaches Englisch mit starkem Akzent, und er hat offensichtlich einen Auftrag.

»Wissen Sie, Mister, wie man den Vogelmann von der Vogelfrau unterscheidet?« Er zeigt nach oben. Man hat ihm gesagt, dass ich wegen der Mauersegler hier bin. Natürlich weiß ich das nicht. Niemand weiß das, denn Männchen und Weibchen sehen für menschliche Augen identisch aus. Ich schüttle den Kopf und blicke wieder hinaus auf die Meerenge. Aber so leicht werde ich ihn nicht los.

»Wollen Sie es wissen, Mister? Ich sage es Ihnen.«

»Ja, mach.«

»Am Ende vom Lied ist die Vogelfrau langsamer als der Vogelmann.«

Das ist keine schlechte Erklärung. Die mir einen Euro wert ist.

Denn tatsächlich ist der Triller am Ende des Schreis so ungefähr die einzige Möglichkeit, Männchen und Weibchen zu unterscheiden – aber das menschliche Ohr kann das nicht. Der Abstand zwischen den Tönen des weiblichen Trillers beträgt 25 Millisekunden oder mehr, beim Männchen sind es nur 20 Millisekunden oder weniger. Für unser grobes Hörvermögen sind diese Unterschiede akustisch nicht wahrnehmbar. Für die Vögel sind sie ein scheunentorgroßes sexuelles Stereotyp der unverhohlenen, altmodischen Art: echte Männer = eine Zeitspanne von < 20 Millisekunden.

Und das lässt mich wieder darüber nachdenken, wie unterschiedlich intensiv ich und die Mauersegler unser jeweiliges Leben doch führen.

Wenn eine Differenz von fünf Millisekunden für sie tatsächlich so viel Bedeutung hat, welche symphonische Pracht oder welches teuflische Ärgernis mag dann im Aufheulen eines Motors oder im Flüstern eines Baumes liegen – ganz zu schweigen von den Klängen der andalusischen Musik, die aus der Bar dringt. Und was wäre für einen Mauersegler die h-Moll-Messe von Bach?

Es heißt, die Mauersegler kreisen hier, weil sie auf Rückenwind warten.[102] Ist es wirklich nur das?

September

Gemessen an unseren Maßstäben ist die Migration der Tiere ein Wahnsinn. So viel Aufwand für einen scheinbar so geringen Ertrag. Wir Menschen würden das nicht tun und denken deshalb, sie sollten es auch lieber lassen. Dabei vergessen wir, dass das wichtigste Charakteristikum des Menschen die Fähigkeit ist, aktiv auf seine Umwelt einzuwirken und sie an seine Bedürfnisse anzupassen: Wir sorgen mitten im Winter für Wärme und Licht, indem wir Feuer entfachen, wir trocknen Fleisch und Früchte, sodass wir auch noch genug zu essen haben, wenn die Rentiere weitergezogen sind und die Sträucher keine Beeren mehr tragen. Diese Fähigkeit bringt es mit sich, dass wir nie wirklich an dem Ort leben, an dem wir sind, und auch nicht in der Zeit, in der wir existieren. Schon von frühester Menschheitsgeschichte an haben wir uns in selbst geschaffenen Welten bewegt, weitgehend abgeschottet gegen geografische Einflüsse, und das unheilvolle Ticken der Uhr verlangsamen können.

Dabei ist in Vergessenheit geraten, was für ein höchst ungewöhnliches Charakteristikum das ist; die meisten Geschöpfe sind an Ort und Zeit gebunden und ihnen mehr ausgeliefert als wir. Wenn nichtmenschliche Wesen immerzu in Licht und Wärme leben möchten, müssen sie eben dorthin ziehen, wo es das gerade gibt, ungeachtet des Aufwands. Sie können Licht und Wärme nicht einfach aus der Tasche zaubern.

Vogelmigration erscheint einem als besonders widersinnig, wenn man einmal echte Vögel angefasst hat (was für die meisten unserer Vorfahren normal war, für den modernen Menschen aber kaum noch ist). Wenn Sie das nächste Mal einen toten Spatz oder eine tote Amsel am Straßenrand sehen, heben Sie das Tier auf. Sie werden staunen, wie fragil es ist. Falls Sie die Gewalt von Wind und Meer kennen (wieder etwas, was unseren Vorfahren vertrauter war als uns heute), könnte Ihnen die Vorstellung, dass ein Fitis oder ein Mauersegler sich über die weindunkle See kämpft, nicht nur als überspannt, sondern als geradezu frevelhaft erscheinen. Sogar Odysseus, der Findige und Listige, geübt im Umgang mit Schwert und Speer, brauchte zehn Jahre, um von Troja nach Ithaka zu gelangen. Wenn Poseidon ihn für seine Vermessenheit so streng bestraft hat, was stellt er dann mit so einer kleinen Handvoll Flaum an? Erinnern Sie sich an jenen katastrophalen April in der Ägäis?

Selbst Aristoteles, ein ausgezeichneter Naturgeschichtler und ein scharfsinniger und relativ unvoreingenommener Beobachter, erkannte zwar die Möglichkeit des Vogelzugs an, glaubte aber, dass er eher die Ausnahme sei. Gartengrasmücken, so behauptete er, verwandelten sich im Winter in Mönchsgrasmücken und Rotschwänzchen in Rotkehlchen.[103] Und viele Vögel blieben einfach an Ort und Stelle.

> … von den Vögeln verbergen sich viele und es ziehen nicht alle, wie manche wähnen, in warme Gegenden, vielmehr einige, welche solchen Orten nahe sind, wie die, in welchen sie beständig weilen, sowohl Iktinen [d. h. Milane, Anm. d. Übers.] als Schwalben wandern dahin aus, andere aber, welche von solchen Gegenden entfernter sind, wandern nicht aus, sondern verbergen sich. Man hat sogar schon viele Schwalben ganz und gar kahl in Höhlen gesehen und Iktinen, welche, wenn sie zuerst sich zeigten, aus derartigen Orten hervorflogen.[104]

Aristoteles' Naturgeschichte galt in der Antike als unanfechtbar und etablierte sich im Mittelalter als derart kanonisches Werk, dass seine Ideen – angereichert mit einigen kuriosen und stets aufs Neue kolportierten Berichten über Schwalben, die unter Wasser überwintern – lange Zeit Bestand hatten. Erst im 17. Jahrhundert begann ihre Autorität zu bröckeln, und das nur sehr langsam. Der stets unbeirrbare Samuel Johnson verkündete noch im Brustton der Überzeugung: »Zweifellos schlafen Schwalben den ganzen Winter. Einige von ihnen scharen sich zusammen und fliegen immerzu umher, dann stürzen sie sich in einem großen Haufen unter Wasser, um auf dem Grund eines Flusses zu ruhen.«[105]

Gilbert White, der große Chronist der Ankünfte und Abreisen, ging lieber auf Nummer sicher: »… [W]enngleich die meisten Schwalbenarten [zu denen er die Mauersegler zählte] wohl schon wandern … bleiben in der Tat manche zurück und verbergen sich den Winter über bei uns.«[106] Ebenso verfuhr der Anatom John Hunter:

> Wenn, wie es heißt, Schwalben einen Winterschlaf halten, muss dieser sich gänzlich unterscheiden von der Art, wie es Bären, Siebenschläfer, Eidechsen, Schlangen etc. tun. Einige von denen schlafen tatsächlich die meiste Zeit; die anderen verweilen in einer Art Starre oder Gefühllosigkeit: doch die Schwalbe muss hinsichtlich ihrer körperlichen Vorgänge in einem vollkommenen Schwebezustand verharren, so wie man es von Menschen sagt, die in Trance sind. Sie können keinen Blutkreislauf haben, weil keine Atmung stattfinden kann.[107]

Hunter führte Experimente durch, die den Schluss nahelegten, dass Schwalben nicht im Wasser überwintern.[108] Dazu fing er einige Schwalben, sperrte sie in einen Raum mit einer großen Wanne Wasser und überließ sie sich selbst. Alle außer einer starben, und keine einzige wollte in der Wanne überwintern.[109]

Es fiel Edward Jenner zu, die brutale, definitive Probe aufs Exempel zu machen. »Ich fing einen Mauersegler am 10. August, was kurz vor seiner Abreise gewesen sein dürfte, und tauchte ihn in Wasser; doch wie bei der Mehrzahl der Tiere, die Luft aus der Atmosphäre atmen, war er binnen zwei Minuten tot.«

Durch diesen einen ertränkten Vogel schien eine Debatte beendet zu sein, die zweieinhalbtausend Jahre lang getobt hatte. Dennoch hielt Jenner *metaphysische* Begründungen für beinahe ebenso schlüssig.[110] Er stellte fest, dass zur Zeit der Abreise der Mauersegler die Welt warm und wunderbar und voller Nahrung ist. »Was kann«, schreibt er, »um diese Zeit der Beweggrund für sie und ihre Jungen sein, die eben erst begonnen haben, sich an den Bewegungen ihrer Flügel zu erfreuen und im Sonnenschein zu spielen, dass sie es auf sich nehmen, in solche Trübnis abzutauchen?« Sie sind Geschöpfe des Lichts und des Lebens, sagt uns Jenner damit. Dass sie sich für die Dunkelheit und einen zeitweiligen Tod entscheiden, ist undenkbar. Es würde der natürlichen Ordnung widersprechen.

Ich habe Verständnis für die antike Sichtweise. Im August jagen die Mauersegler oft knapp über der Wasseroberfläche. Und dann sind sie fort. Da ist es doch naheliegend anzunehmen, dass sie den Schwanz neigen und sich für einen Sekundenbruchteil nach unten ausrichten, um es sich dann zwischen dem Schilf auf dem Teichgrund bequem zu machen. Die Mauersegler mögen dem verbliebenen Licht des Sommers entsagt haben, aber für einen unbedarften, fröstelnden Europäer an einem öden Februartag könnte es tröstlich gewesen sein zu wissen, dass die Verkörperung des Sommers irgendwie noch hier existierte.

Vielleicht war solcher Trost Aristoteles' eigentliche Absicht. Vielleicht hatte er keine naturwissenschaftliche Abhandlung im Sinn, sondern einen weiteren Auferstehungsmythos, etwas in der Art wie die Geschichte von Persephone und Demeter. Seht diesen ach so tristen Ort – den gefrorenen See. Darunter weilt, in einem Vogelkörper kristallisiert, der Sommer, und bald wird der Vogel aus dem Dunkel hervorbrechen, triumphierend kreischen, sich zur Sonne hinaufschrauben und im nächsten Winter die Sonne in den Schlamm herunterholen, auf dass niemals irgendwo wirklich Dunkelheit ist und nichts jemals wirklich tot.

Bei uns in Oxford fühlt sich der September allerdings nicht so an. Vielmehr scheint es, als hätten die Mauersegler die Sonne nach Afrika mitgenommen, zusammen mit ihrer Wärme und ihrer Bedeutsamkeit.

Ich sitze in meinem Arbeitszimmer. Da gibt es kein geselliges Kratzen von Mauerseglerjungen mehr. Da flitzt nichts mehr mit einer unglaublichen Geschwindigkeit nach oben, ohne sich die Füße zu brechen. Das Einzige, was jetzt in den Straßen schrillt, sind Polizeisirenen, und im Oktober wird man dazu noch betrunkene Studenten hören. Der Himmel ist grau, wolkenlos, kalt.

Über die abrupten und doch so geschmeidigen Flugmanöver der Mauersegler schrieb Robert Macfarlane:

> Sie wendeten so scharf und schwungvoll, dass es aussah, als verliefen in der Luft durchsichtige Röhren, durch die die Vögel sausten, anders konnte ich mir so kontrollierte Bögen nicht erklären. Ihre Flugpfade gaben dem Himmel Kontur, und ihre Routen folgten den Bergen und Tälern des Windes, die sich dort oben immer wieder neu formten, sodass die Luft ihre eigene, in der Bewegung der Vögel sichtbar werdende Topografie zu besitzen schien.[III]

Ja! Oder besser »Ja« ohne Ausrufezeichen, denn man muss darüber nicht aus dem Häuschen geraten. Es bedeutet nur, dass der Himmel keine Form und keine Struktur hat, sobald die Mauersegler fort sind. Das ist alles abgebaut und nach Afrika exportiert worden.

Eine der am meisten verbreiteten und primitivsten Ängste, die in vielerlei Mythen auftaucht, ist die, dass uns der Himmel auf den Kopf fallen könnte. Die Abwesenheit der Mauersegler macht dies sehr viel wahrscheinlicher.

»Ich mache mir keine Sorgen, dass die Himmelskuppel einstürzen könnte«, sagte ein Freund. »Aber mir fehlt der Geruch.«

Ich hatte keine Ahnung, was er damit meinte, aber er ist ein ausgesprochen olfaktorisches Wesen, das nicht nur erkennt, von welchem Weingut und aus welchem Jahr ein bestimmter Burgunder stammt, sondern auch, was die Winzer in der Woche davor gefrühstückt hatten.

Mauersegler, so behauptet er, riechen wie alter Balkan-Sobranie-Tabak, und wenn sie an einem windstillen Tag die Straße entlangsausen, ziehen sie eine Geruchsspur hinter sich her, die bei ihm einen Niesreiz auslöst, an schlechten Tagen sogar Brechreiz.

Ich hielt das für Angeberei. Mir war dergleichen noch nie zu Ohren gekommen, nicht einmal von Leuten, die Mauersegler beringt oder verletzte Tiere gerettet hatten. Aber dann stieß ich auf Henry Douglas-Homes Bericht über seine Liebe zu Mauerseglern. Sie begann in seinen Jugendjahren in Eton. Im Sommer pflegte er sich nach den Gebeten und vor dem Lichtausschalten auf sein Fenstersims zu lehnen, eine alte Pfeife seines Vaters zu rauchen und die Mauersegler zu beobachten, wie sie in die Fives Courts und wieder hinaus schwirrten. In ihrer Aufgeregtheit, so schrieb er, waren sie manchmal allzu schnell unterwegs und mussten »sich an mir am Fenster vorbeizwängen, wobei ein modriger Geruch in der Luft zurückblieb, der glücklicherweise genau zu meiner ›John Cotton's No. 1‹-Tabakmischung passte.« Manchmal kam sein Hausvorsteher herein in der Hoffnung, seinen Zögling bei einem Fehlverhalten zu ertappen, und schnupperte argwöhnisch. Dann erklärte Douglas-Home, er beobachte »nur diese hübschen Mauersegler. Schön, wie sie so ihre Kreise ziehen und kreischen.« – »Wilklich?«, hakte der Vorsteher nach, der sogar Altgriechisch ohne jedes »r« aussprach. Douglas-Home musste sich etwas Besseres einfallen lassen. »Diese Vögel haben so einen seltsamen Geruch, Sir, so modrig«, meinte er hoffnungsvoll. Und es funktionierte. »Hm. Ja, ich weiß, was du meinst. Liecht ziemlich nach Tabak, nicht wahl?« – »Kann sein, Sir. Das ist mir noch nie in den Sinn gekommen.« Woraufhin die beiden einvernehmlich am Fenster standen und den Mauerseglern nachschauten, während die Pfeife ein Loch in Douglas-Homes Tasche brannte. Schließlich schlurfte der Hausvorsteher in seinen Pantoffeln geräuschvoll davon, verkündete »Inteles-sante Vögel, in del Tat«, und ließ Douglas-Home allein, sodass er den Mauerseglern eine gute Nacht wünschen und sich vor dem Schlafengehen noch ein paar Pfeifenzüge gönnen konnte.[112]

In der Ägäis findet eine Reprise des Aprils statt. Die See ist mächtig aufgewühlt. Wellen spülen über Kaimauern hinweg und überfluten die Fischtavernen. Möwen werden in die Berge hinaufgescheucht. Im Taygetos-Gebirge hat ein Olivenast einen Sepiasturmtaucher aufgespießt. Eine Zügelseeschwalbe hängt kopfüber zitternd in einer Zypresse auf Kythira. Und ein Schwarm wandernder Mauersegler aus Bukarest, der um diese Zeit eigentlich schon über Libyen sein sollte, ballt sich um einen alten Leuchtturm auf einem schaumbedeckten Felsen vor Kreta, klammert sich dicht gedrängt an die Gesimse, vergräbt sich Schutz suchend in die nasse Masse der anderen Vögel; das Salz beginnt ihre Gesichter zu verkrusten, ihre Augen sind fest geschlossen, und ihr Stoffwechsel versucht, sich an die Zeit zu erinnern, als sie Nestlinge waren und vom Wetter und den Fliegen im Stich gelassen wurden, woraufhin sie sich eine Woche lang in eine Schlafstarre retteten, aus der sie erst erwachten, als die Sonne wieder schien.

Diesmal ist ihre Physiologie nicht so tolerant. Am Morgen ist der Schaum auf dem Felsen schwarz von zermalmten Federn.

Das Kaspische Meer ist tiefschwarz und spiegelglatt, doch wenn man von einem Boot vor der östlichen Küste still ins Wasser schaut, erhascht man vielleicht für einen Augenblick das Spiegelbild von etwas Zuckendem, das noch schwärzer ist als das Wasser. Es sind Vertreter von *Apus apus pekinensis*, der asiatischen Unterart des Mauerseglers, und alle in dieser 30-köpfigen Gruppe haben in nächster Nähe zueinander im Goldglanz eines alten Kaiserpalastes von Peking gebrütet. Was ihre Unterkunft betrifft, zählen sie zu den bestgeschützten Mauerseglern der Welt, denn sie sind die Geister toter Ahnen, und eine ihrer Höhlen zu blockieren wäre, als würde man seinen Großvater auf die Straße setzen. Heute Abend werden sie an den Ausläufern des Ararat schlemmen und sich dann ein paar Tage am Oberlauf von Tigris und Euphrat vergnügen, ehe sie weiterfliegen, über Damaskus, das Jordantal entlang, übers Rote Meer und den Nil hinauf.

Ein paar dänische Mauersegler, erfrischt nach einem kräftigenden Aufenthalt auf einer Ostseeinselgruppe, trödeln an der Ardèche herum. Dort sind sie – wenn auch mit Geringschätzung – niederländischen Vögeln begegnet, die in einem alten, von düsterer Geschichte umwobenen Haus an einem Kanal gebrütet haben. Wenn die Dänen und die Niederländer zu den Pyrenäen weiterziehen, nehmen sie dieselbe Route – und folgen damit vielleicht einer Landkarte, die seit der letzten Eiszeit in ihr Gedächtnis eingezeichnet ist –, jedoch zeitversetzt um einen Tag.

Tschechische Vögel, von denen einige in den Mäulern gotischer Wasserspeier aufwuchsen, beschließen, eine Weile über einer braunen Ebene in Zentralspanien zu verbringen. Der Grund dafür ist unklar.

Aber die meisten Mauersegler weilen inzwischen in Afrika. Über der Sahelzone leuchten von Norden her schimmernde schwarze Lichter auf. Diesmal hat das Mittelmeer die Vögel unfreundlich behandelt. Es war nicht nur jener Fels in der Ägäis, der sie dezimierte. Tote Mauersegler werden auch zwischen den Sonnenschirmen an den Stränden Tunesiens angespült, zwischen den kleinen Vergnügungsbooten von Algier und an den leeren hellen Stränden Libyens, die sachte in die Sahara übergehen.

Es war ein außergewöhnlich schlechtes Jahr für die Mauersegler. Normalerweise überlebt ein erstaunlich hoher Anteil von ihnen. Unter den Überlebenden in der Sahelzone herrscht eine gedämpfte Fiesta-Stimmung. Einige der im Sommer geknüpften engen Beziehungen hat das Meer jäh beendet, und dann holte sich die Wüste einige derer, die schon vom Meer gezeichnet waren: Sie verloren an Höhe und sanken langsam auf die glutheiße

Ebene. Ihre Versuche, wieder hochzukommen, erschöpften sich in Zuckungen, ehe sie ganz still wurden.

Die Sonne brennt die schlimmsten Erinnerungen weg. Ein dichter Schwarm Vögel, zusammen aus einer Osloer Wohnsiedlung angereist, schwirrt trunken von der Hitze und eher in der Art von Schwalben um eine Akazie. Im Gegensatz zu Monty Pythons Norwegischem Blauling sehnen sie sich offenbar überhaupt nicht nach den Fjorden.

Manche werden hier überwintern. Warum auch nicht? Hier kann man es durchaus aushalten. Die Kamele und Esel scheuchen Fliegen aus dem harten Gras auf. Allerdings werden die meisten, nachdem sie sich ein wenig akklimatisiert und ihre Kenntnisse von den Dialekten der Insekten und der Winde aufgefrischt haben, in Richtung Süden weiterziehen.

July 12th swifts prospecting 9.15am. Up to five birds landing on occupied nest box and landing on other nest boxes occasionally

Oktober

Allerdings nicht alle.

Inzwischen habe ich angefangen, die Literatur nach Berichten über Mauersegler zu durchforsten, die erst spät losfliegen. Ich gebe eine jämmerliche Figur ab – wie ein Todgeweihter, der sich auf der Suche nach irgendwelchen Heilmittelchen an alle möglichen Quacksalber wendet. Schon immer kamen Fake News über hier überwinternde Mauersegler gut an, egal ob diese angeblich auf dem Grund jedes zweiten Teiches im Schlamm Winterschlaf gehalten oder im Februar 1766 starr, aber lebendig in der Kapelle von Longnor in Shropshire gelegen haben, wie uns Thomas Pennant berichtete.[113] Und obwohl Mauersegler in Europa ab der zweiten Septemberhälfte nurmehr selten anzutreffen sind, sieht man immer wieder auch noch eine Weile später den einen oder anderen Vogel, der die lächerliche Hoffnung schürt, dass wir trotz Düsternis, Smog und Eisregen an einem Ort leben, an dem sie sich zu bleiben entscheiden.[114]

Es gibt einen herzerwärmenden, den Winter mildernden Bericht aus einem Bergdorf im Südwesten Bulgariens.[115] Am 4. Oktober wurden dort an zwei Gebäuden im Hochgebirge Mauersegler beobachtet, die sich in die Ritzen zwischen Regenrinne und Dachvorsprung zwängten; das eine Haus stand in einem winzigen Dorf, das andere allein auf einer Wiese. Ein paar Neugierige näherten sich und hörten das Piepsen von Nestlingen. Dabei war es gar nicht so warm. Tagsüber betrug die Temperatur auf der Wiese etwa zwölf Grad Celsius, nachts fiel sie auf ein Grad.

In einem nahe gelegenen Bergkloster nisteten zur selben Zeit auch Fahlsegler, obwohl die Lufttemperatur nur zwischen sechs und neun Grad betrug, am 3. November hörte man die Jungvögel um Futter betteln. Unter den Nistplätzen der Fahlsegler sammelten beherzte Biologen Kotproben ein. Es stellte sich heraus, dass ihre Hauptnahrung aus Hautflüglern bestand. Ansonsten fanden sie nur den Nachweis eines Käfers und eines Schnabelkerfs.

Der Sommer in den bulgarischen Bergen war ungewöhnlich regnerisch gewesen. Vielleicht hatten die Mauersegler das Brüten hinausgezögert, weil sie hofften, dass sich die Lage bessern würde, und schließlich verzweifelt beschlossen, alles auf eine Karte zu setzen und ihren Nachwuchs nur mit Ameisen, Wespen und Bienen aus den Buchenwäldern, Kiefernwäldern und Feldern durchzubringen. Ich hoffe, es ist ihnen gelungen. Aus dem Bericht geht frustrierenderweise nicht hervor, ob die Nestlinge das Nest jemals verlassen haben.

Die enge Verbundenheit einer Spezies mit einer anderen ist immer wieder eine Freude und ein Rätsel: Menschen mit Hunden und Katzen; das Flusspferd Owen und die Aldabra-Riesenschildkröte Mzee, die in einem kenianischen Naturpark unzertrennlich waren;[116] der indische Leopard, der sich jede Nacht in ein Dorf schleicht, wo er an ein Kalb gekuschelt schläft; eine Löwin, die eine Oryx-Antilope bemuttert; Gavin Maxwell und Henry Williamson mit ihren Fischottern; Delfine, die schiffbrüchige Seeleute an Land schieben oder tragen; die Pottwale, die einen Großen Tümmler mit einer Wirbelsäulendeformität adoptiert haben.

Der Grund für einige dieser Verbindungen liegt auf der Hand. Manchmal geht es darum, die Zahl der Sinnesrezeptoren zu vervielfachen, was allen außer ihren Fressfeinden zugutekommt.[117] Daher tun sich kurzsichtige, aber exzellent hörende Zebras in der Savanne mit scharfsichtigen Giraffen und Gnus zusammen.

Und manchmal ist eine Spezies besser darin als eine andere, eine bestimmte Sorte von Futter zu finden, die von der anderen gern gefressen wird – und so nützt es allen, wenn es in einem Schwarm oder einer Herde viele Fähigkeiten gibt, die bei der Nahrungssuche hilfreich sind. Aber oft ist kein Vorteil ersichtlich – insbesondere gilt das für manche Schwarmvögel. Wenn Wacholderdrosseln und Rotdrosseln im Winter aus Skandinavien nach Großbritannien kommen, machen sie das normalerweise gemeinsam. Beides sind Drosseln, die zweifellos die gleichen Grundfertigkeiten haben. Und man sieht sie auch nicht auf denselben Feldern, weil sie dieselbe Nahrung bevorzugen würden – obwohl sie das tun. Sie fliegen in einem gemischten Schwarm: eine Rotdrossel ebenso wahrscheinlich Seite an Seite mit einer Wacholderdrossel wie mit einer anderen Rotdrossel.

Ungefähr so verhält es sich auch bei Mauerseglern und Fahlseglern, wie der Bericht aus Bulgarien zeigt. Für uns sind sie in ihrem Erscheinungsbild und in ihren Lautäußerungen sehr ähnlich, und ich habe bereits zugegeben, dass ich so unbedingt Mauersegler sehen will, dass ich nicht allzu genau hinschaue aus Angst, einen ziemlich großen, auffälligeren Kehlfleck oder äußere Handschwingen zu entdecken, die schwärzer sind als die helleren, inneren Schwungfedern. Mauersegler, so heißt es in der maßgeblichen Vogelkundlerlektüre, wirken »von ihrer Gestalt her schnittiger«[118]. Für mich ist Schnittigkeit ein offensichtlicheres Merkmal als die einheitlichere Färbung von Unterflügeldecke und Schwungfedern. Ihr Flug, so heißt es weiter, »wirkt oft kühner und geschmeidiger«. Kühnheit und Geschmeidigkeit liegen im Auge des Betrachters, und wenn ich sie sehen will, braucht man mir das auch nicht auszureden versuchen.

Wäre ich ehrlich genug und könnte ich die Gruppen der relativ großen, dunklen Mauersegler in Südeuropa und Afrika genauer betrachten, dann könnte es gut sein, dass ich Mauersegler und Fahlsegler zusammen sehe.

Über viele Jahre hinweg bin ich häufig nach Assuan in Oberägypten gereist. Dort saß ich am Nil, trank Hibiskustee, aß Ful, sah zu, wie eine stolze Sonne über Elephantine thronte, und sagte mir, dass jeder Zweig, der vorbeischwamm, von einem Flusspferd im Viktoriasee ausgespuckt worden sein könnte.

An einem Morgen Ende Oktober ging ich – ein Flüchtling, der sich mit der quälenden Mauerseglerlosigkeit Englands nicht abfinden wollte – zum Nilufer hinunter, um die Morgenwache zu halten. Dort fingen einige sehr vertraute schwarze Vögel geflügelte Ameisen, deren Vorfahren vielleicht das Blut von Opferstieren aufgesogen oder die Gehirne von Pharaonen gefressen hatten. Ich lehnte mich an eine Palme, schlug giftige Fliegen tot, schüttete mir mittags Wasser über den Kopf und beobachtete sie acht Stunden lang, bis sie flussaufwärts nach Nubien weiterzogen.

An diesem Tag habe ich eine Menge gelernt. Beispielsweise habe ich gesehen, dass Mauersegler fliegen, indem sie sich ständig nach vorne fallen lassen; dass sie zwar schnelle Gleiter sind, aber nicht weit kommen, ohne an Höhe zu verlieren, deshalb müssen sie ganz leicht mit den Flügeln flattern (was bei anderen Vögeln ein Schlagen wäre). Am nützlichsten war jedoch die Erkenntnis, dass selbst meine gut trainierte Fähigkeit, mir tröstliche Illusionen zu machen, ihre Grenzen hat.

Diese Vögel, so hatte ich mir eingeredet, seien Mauersegler, die vielleicht aus der Toskana oder vom Peloponnes gekommen waren – beide vermisste ich sehr –, und ich hatte dieses heimelige Gefühl, das einen überkommt, wenn man an einem fernen Ort einem alten Freund begegnet. Doch damit war es bereits mittags vorbei. Im tiefsten Inneren wusste ich, dass es hier keine Mauersegler gab – zumindest nicht um diese Jahreszeit –, und diese Erkenntnis drängte sich immer stärker in mein Bewusstsein, sodass ich mich ihr um die Mittagszeit nicht mehr verschließen konnte. Es waren Fahlsegler. Ich war 4000 Kilometer von zu Hause entfernt, ganz allein auf mich gestellt, und das Universum hatte mir gerade einen fiesen, gemeinen Streich gespielt.

An diesem Abend saß ich im Old Cataract Hotel an der Bar und wetterte in meinen Rotwein hinein, bevor ich mich in meine billige Absteige um die Ecke schlich, wo ich bis zum Morgengrauen trübsinnig Bettwanzen zerquetschte.

Jahre später erfuhr ich, dass einige Mauersegler tatsächlich inmitten von Fahlsegler-Schwärmen am Nil überwintern.[119] Es war eine Erlösung, das zu lesen. Ich hätte in dieser Nacht nicht vor Wut schäumen müssen.

Aber was tun *Apus apus* und *Apus pallidus* zusammen? Genießen sie die gegenseitige Gesellschaft, weil sie gern etwas Abwechslung von ihrer eigenen Art haben – so wie alle zurechnungsfähigen Briten lieber Currys anstatt Fleischpasteten mit Erbsen essen und lieber in Kairo als in Cleethorpes Urlaub machen? Hat der (vermutlich) modrige Geruch der anderen Spezies exotische Anziehungskraft? Steckt eine genetische Absicht dahinter? Flüstert ihnen die natürliche Selektion in die gefiederten Ohren: »Hybriden sind kraftvoll und vital. Hybriden sind sichere Genbanken. Artengrenzen sind Illusion. Probier es aus«?

Im Oktober sehen die Mauersegler zunehmend zerrupft aus. Nachdem sie in Afrika eingetroffen sind, beginnt ihre Hauptmauser. Sie stoßen Europa ab. Die mit Glasfaser kontaminierten Federn, die ihnen in unserer Straße gewachsen sind, fallen jetzt wie Milchzähne aus und werden in die Nester von Mäusen und Mausvögeln eingewebt. Für die Mauersegler haben die Federn, so wie Europa an sich, ihre Schuldigkeit getan. Nun bricht eine relativ entspannte Zeit für sie an, in der sie es lockerer angehen lassen können als im Sommer; wenn sie müde sind, können sie im Aufwind eines Sturms rasten.

Wenn Sie Mauerseglern in Afrika folgen wollen, lautet die Regel: *Folgen Sie dem Grün.*[120] Und das bedeutet, dem Regen zu folgen. Die Anzahl an Insekten erreicht vier bis sechs Wochen nach Beginn der Regenzeit ihren Höhepunkt. Also sollten Sie der ITCZ – der innertropischen Konvergenzzone, wo die Nordost- und Südost-Passatwinde aufeinanderprallen – hinterherziehen, und zwar mit einem Monat Abstand. Sie werden sich inmitten eines Fressrauschs wiederfinden – insbesondere dank der ausschwärmenden Termiten.

Ich habe das nie systematisch betrieben. Es ist keine angenehme Zeit, um in Afrika zu sein. Denn dann haben die Moskitos Hochsaison, und selbst wenn Sie sich weder Malaria noch Gelbfieber und auch keine Zika-Viren, kein Chikungunya- und kein Denguefieber einfangen, werden Sie bei einer Luftfeuchtigkeit von 100 Prozent und höllischer Hitze vermutlich kaum Schlaf abbekommen. Und zu den guten Mauersegler-Stellen können Sie auch nicht vordringen, weil die Straßen größtenteils fortgespült worden sind.

Stattdessen habe ich die Mauersegler in verschiedenen Gegenden von Nord-, Süd-, Ost- und Westafrika abgefangen. Manchmal war ich gar nicht weit von der innertropischen Konvergenzzone entfernt, wo die äquatoriale Tiefdruckrinne ächzt, grollt und sich einrollt, um sich in den eigenen Schwanz zu beißen; wo der Wind stark ist und die Wolken zu schwach, um das Wasser zu halten; wo schwarze Insektensäulen aus dem Busch aufsteigen wie die Pfeiler eines satanischen Tempels.

Als ich mich einmal in einem südafrikanischen Dorf nach Mauerseglern erkundigte, lautete die heitere Antwort, sie würden Pasteten daraus machen.[121] Ich habe das nicht geglaubt. Sie wollten sich wohl nur über meine Empörung amüsieren. Aber vielleicht haben sie auch die Wahrheit gesagt. Wir Menschen sind der große wahllose Bauch der Welt.

Mauersegler-Nestlinge gelten als Delikatesse, und in der Toskana wurden zumindest bis Ende des 19. Jahrhunderts spezielle Mauersegler-Türme gebaut oder bestehende Türme und Häuser umgewidmet, um Mauersegler für die Küche zu züchten.[122] Wichtig war dabei, dass man hineingreifen konnte und die Jungen zu fassen bekam. Um sich nicht selbst die Geschäftsgrundlage zu entziehen, achteten die Mauersegler-Züchter darauf, einen Nestling am Leben zu lassen.

Der Tierpräparator und Naturforscher Charles Waterton, der die Teile verschiedener Tiere zu Chimären zusammensetzte, der das Gesäß eines Affen in das Gesicht eines politischen Gegners umformte und der sich mit dem großen Zeh am Hinterkopf kratzen konnte, stellte bei einem Besuch in Rom 1817 fest, dass junge Burschen Mauersegler und Mehlschwalben mit einer an einer Seidenschlinge befestigten, verlockenden Feder fingen und die toten Vögel als Nahrungsmittel verkauften.[123]

Das Fleisch erwachsener Mauersegler soll zäh sein. Was mich nicht überrascht. Sie haben das anstrengendste Leben überhaupt auf unserem Planeten. Ich selbst habe noch nie Mauersegler gegessen, aber ich war einmal in einem griechischen Bergdorf eingeschneit und hatte eine Woche lang nichts zu essen außer Pommes und kleinen Singvögeln. Es war nicht nur eine beschämende, sondern auch eine eklige Erfahrung – als würde man in Hühnerbrühe marinierten Radiergummi essen.

Wenn etwas getötet werden kann, dann töten wir es, egal ob man es essen kann oder nicht.

Bei einem Temperatursturz in Kent im Jahr 1856 fielen von der Kälte gelähmte Mauersegler vom Himmel und taumelten benommen umher.[124] Zufällig hielt sich damals ein Zoologe des British Museum dort auf. Ein Mädchen, das gehört hatte, dass er alle Arten von Tieren kaufte, klopfte an seine Tür und fragte ihn, ob er eine Fledermaus kaufen wolle. Die »Fledermaus« entpuppte sich als Mauersegler. An der Kirche wimmle es von Fledermäusen, sagte das Mädchen, und die Jungen (natürlich) würden sie töten. Der Zoologe eilte hinaus. »Es stimmte«, schrieb er, »die Kinder waren überall hinter ihnen her.« Als er an der Kirche ankam, sah er zu seinem Erstaunen, dass die Vögel »in Trauben von den Dachvorsprüngen und Gesimsen hingen; einige dieser Trauben waren mindestens zwei Fuß lang, und immer wieder fielen benommene Exemplare an ihren Seiten herab. So wurden Hunderte armer Vögel Opfer der rücksichtslosen Unwissenheit armer Kinder.«

Im 19. Jahrhundert war Kent für Mauersegler ein gefährlicher Ort. 1835 zwangen starke Kaltwinde die Mauersegler dazu, tief in den Straßen von Dover zu jagen, wo sie in großer Zahl von Jungen (wieder einmal) mit Stöcken erschlagen wurden.[125]

Zweifellos gibt es solche Vorfälle überall auf der Welt bis heute. Das verrät uns viel über uns selbst, für den Schutz der Mauersegler ist es jedoch irrelevant. Was den Mauerseglern den Garaus macht, ist unsere architektonische Ordnungsmanie, unsere Abneigung gegen Ritzen, Risse und generell das Charaktervolle und Heruntergekommene; dazu die industrielle Landwirtschaft mit ihrer sterilen, chemiedurchtränkten monokulturellen Ödnis;[126] und die Haltung, die in einem Artikel zum Ausdruck kommt, der mich frösteln ließ und mir vor Wut eine Woche lang die Sprache verschlug. Er trägt den unheilvollen Titel *Population of Common Swift in Poznan*

(Poland) and Ecosystem Services Provided by it.[127] Lesen Sie diesen Titel noch einmal und weinen Sie.

Die Prämisse lautet, dass der Fortbestand der Mauersegler wirtschaftlich gerechtfertigt sein muss – weil das, natürlich, die einzig mögliche Rechtfertigung ist. Die wichtigsten »Ökosystemleistungen«, die von Vögeln in Städten erbracht werden, so lässt man uns wissen, seien »regulierender und kultureller Art«. Die »bemerkenswerteste regulierende Leistung ist die Schädlingsbekämpfung«. Wie helfen Mauersegler dabei? Indem sie Insekten fangen. Der Autor zitiert Studien, die besagen, dass ein Mauersegler-Paar täglich durchschnittlich 20 000 fliegende Insekten mit einem Gesamtgewicht von 50 Gramm zu seinen heranwachsenden Nestlingen bringt, und errechnet daraus, dass die geschätzte aktuelle Mauersegler-Population in Posen (polnisch Poznan) pro Saison 4,04 Millionen fliegende Insekten mit einem Gesamtgewicht von 0,4 Tonnen vertilgt. Sie sollte jedoch 2,9 Tonnen Insekten bewältigen, was bedeutet, dass die Ökosystemleistung in Posen, wie er annimmt, im letzten halben Jahrhundert um 86 Prozent gesunken ist. Dies bedeutet, dass 2,5 Tonnen Insekten über Posen fliegen, die es bei einer gesunden Mauersegler-Population nicht gäbe. »Fliegende Insekten können … wenn sie nicht … von Mauerseglern gefressen werden, [eine] Plage für Stadtbewohner sein (z. B. wegen der Stiche) und sich auch negativ auf Pflanzen auswirken (z. B. indem sie sich von ihnen ernähren).« Die nicht gefangenen Insekten stellen »einen in signifikantem Umfang entgangenen Nutzen bei der Reduzierung [der] lästigen Insektenpopulation dar«.

Und die »kulturelle Leistung«? Nun, Vögel »sind für Stadtbewohner oft eine der wenigen Möglichkeiten, in

Kontakt mit der Natur zu kommen. Die Sichtung der meisten … Vögel, mit Ausnahme von Spezies wie Tauben oder Wasservögeln, ist normalerweise zwar schwierig, aber sie sind in Städten fast überall zu hören …« Allerdings scheinen Mauersegler für den Autor keinen hohen Stellenwert als kulturelle Leistungsträger zu haben: »Studien unter den Bewohnern von Wohnblocks in Rzeszow haben gezeigt«, stellt er düster fest, »dass trotz dieser Ökosystemleistungen nur [eine] kleine Gruppe von Menschen (12 Prozent) eine Verbesserung ihres Wohlbefindens durch die Anwesenheit von Vögeln wahrnimmt.«

Ich bin sicher, der Autor meint es gut; er ist bestimmt ein echter Naturliebhaber. Aber wenn wir uns darauf einlassen, das neoliberale Spiel zu spielen – das Spiel, dessen Regel lautet, dass alles einen Wert hat, der sich in Dollar beziffern lässt –, dann sind wir erledigt. Die Annahme, dass Mauersegler sich in einer Begrifflichkeit rechtfertigen müssen, die für uns eine Bedeutung hat, ist so gefährlich wie ein bösartiges Krebsgeschwür. Wer sind wir, von der Natur zu verlangen, dass sie in einer für uns verständlichen Sprache um ihr Existenzrecht bettelt? Wenn wir uns zu Richtern darüber aufschwingen, was eine Daseinsberechtigung hat, erheben wir uns zu Göttern mit unumschränkter Macht. Und wenn es schon menschliche Richter geben soll, sollen es dann wirklich Banker und nicht lieber Dichter sein? Wie evaluiert man Existenz, geschweige denn Gefühlsüberschwang oder erleuchtende Erfahrung?

Die Mauersegler von der Klagemauer zittern in der maritimen Kälte von Angola – einer ungewöhnlichen Kälte, die aus den Tiefen des Südatlantiks aufsteigt und nicht zur Jahreszeit passt. Sie sind ziemlich früh eingetroffen. Besser wären sie im Kongo geblieben, bis die angolanischen Regenfälle die Kokons aufgebrochen haben und der Boden die Nymphen in die Luft entlässt.

Ich bibbere in der total vorhersehbaren Kälte Englands – einer zur Jahreszeit passenden Kälte, die von nirgendwoher aufsteigt, sondern einfach nur aus allem hier Wärme und Leben heraussaugt. Missmutig drehe ich den Globus in der Küche und checke die Flugpreise nach Zentralafrika.

November

Die östlichen Mauersegler, *Apus apus pekinensis*, die die Geister verstorbener Vorfahren sind, überwintern nach ihrer langen Reise hauptsächlich in Namibia und Botswana.[128] Das heißt, dass die Chinesen den ganzen langen Winter ohne ihre Toten verbringen müssen. Mir erscheint das seltsam; gerade dann brauche ich meine Toten am meisten.

Auf einer Farm in Namibia entspannte sich gestern Abend ein deutscher Jäger, nachdem er einen Kudu erlegt hatte, und klopfte seine Pfeife an einer Flötenakazie aus, während er auf den Pick-up wartete, der das Tier abtransportieren sollte. Die glimmende Asche fiel auf einen Fleck trockene Erde unter dem Baum. Als der siegreiche Jäger zu seinem feierlichen Dinner entschwand, war von einem Feuer noch weit und breit keine Spur. Doch in der Nacht wehte der Luftzug eines vorbeikommenden Erdhörnchens, das mit dem Schwanz wedelte, die Asche ins Gras, und als der Jäger sein üppiges fleischlastiges Frühstück verzehrte, begann sich schleichend ein Feuer auszubreiten.

Anfangs schlich es langsam, denn die Nacht war windstill. Aber mit der Sonne kam eine leichte Brise auf, und vor dem Wind lief das Feuer, und vor den Flammen rannten die Kap-Hasen, Schakale, Elefantenspitzmäuse, Dikdiks und Ducker; Kobras und Sandschlangen versuchten sich eilig in Sicherheit zu bringen, dazu zahllose Skorpione, den Stachel ohnmächtig erhoben, um sich gegen das Feuer zu wehren.

Der Rauch war so blau wie der Himmel an einem schönen Julitag in Oxford, und durch ihn tauchten Hunderte toter Chinesen. Ihre Stirn – die an einen Schneepflug erinnert und die sich eben erst durch eine Wolke über der Mongolei gepflügt hatte – ist heller als die des europäischen Mauerseglers,[129] ansonsten sehen die Vögel für mich aber völlig gleich aus. Sie wirbelten herum, schlugen Purzelbäume, plusterten das Gefieder und schienen vor schierer Freude zu beben; dabei drangen sie in den dichtesten Rauch vor und so nah ans knisternde Gras, dass ich befürchtete, sie würden als Feuerbälle aufsteigen und bei ihrem darauffolgenden Absturz weitere Brände auslösen. Es war eine hochenergetische Schwelgerei, ein einziges Schlängeln, Manövrieren, Schwanzspreizen. Ich fragte mich, ob sie dabei die Luft anhielten.

Niemand weiß, warum Vögel dieses Rauchbaden lieben. Aber es wurde bei etlichen Arten beobachtet. Üblicherweise steht ein Vogel dann an der Öffnung eines qualmenden Schornsteins, mit ausgebreiteten Flügeln und einem benommenen, glückseligen Gesichtsausdruck, wie man ihn von Vögeln kennt, die sich auf den Boden hocken, um säurespritzende Ameisen über ihren Körper krabbeln zu lassen. Wegen der ähnlichen Körperhaltung und in Ermangelung anderer Ideen wird vermutet, dass Rauchbaden, ebenso wie dieses Einemsen, dazu dient, Ektoparasiten wie Flöhe und Läuse zu bekämpfen.

Mit einer derart mechanistischen Sichtweise habe ich jedoch ein Problem. Denkt der Vogel, er tut es wegen der Parasitenbekämpfung? Oder denkt er, er tut es, weil es ihm offensichtlichen Spaß macht? Ich würde grundsätzlich für Spaß plädieren. Falls das zutrifft, was ist dann der »wahre« Grund? Ist der Spaß nur der Köder, den die natürliche Selektion auslegt, um einen Organismus zu einem Verhalten zu veranlassen, das ihm einen Selektionsvorteil beschert? Sind Spaß und Vergnügen zufällige Nebenprodukte eines Verhaltens, das in Wirklichkeit einem tieferen Motor entspringt, kaum fassbar für das gewöhnliche Bewusstsein?

Das klingt nach einer sinnlosen Frage, nach reiner Spitzfindigkeit. Es gibt keine unwiderlegbar richtige Antwort darauf. Vielleicht zeigt sich hier, wie müßig grundsätzliche »Warum«-Fragen sind. So würde mein reduktionistischer ehemaliger Freund – der brillante Biologe – argumentieren. Doch dann würde ich ihn darauf hinweisen, dass Biologen ihr ganzes Arbeitsleben damit zubringen, Warum-Fragen zu stellen und zu beantworten. Warum fliegen Atlantiksturmtaucher hierhin und nicht dorthin? Warum hat der Stachel eines Igels die Spannkraft und Festigkeit, die er hat? Warum von Namibia nach Ulan-Bator und zurück fliegen? Warum hat das Huhn die Straße überquert?

Man kann darauf auf unterschiedlichen Ebenen antworten, doch die grundsätzlichste Antwort der Biologen auf all diese Fragen ist – so wie die Antwort in der alten Scherzfrage über das Huhn – die immer gleiche: Weil das Lebewesen die Anzahl an Nachkommen vergrößern will, die es innerhalb seiner Lebensspanne wahrscheinlich hervorbringen wird. Erfolge in der Biologie erzielt man (viel zu oft) nicht dadurch, dass man die Antwort auf die gestellte Frage findet – die ist bereits bekannt, bevor sich irgendjemand an die Arbeit gemacht hat. Stattdessen geht es darum, dass die Antwort hübsch ins Schema des anerkannten Paradigmas passt.

Dabei gibt es eine weit wichtigere, geheimnisvollere und lohnendere Warum-Frage: Warum sich all die Mühe machen?

Warum macht sich ein Lebewesen die Mühe, noch mehr von seinesgleichen in die Welt zu setzen, nur damit der Nachwuchs sich ebenfalls in der beschwerlichen Reproduktionstretmühle abstrampelt? Liegt es daran, dass das Lebewesen Angst vor seiner individuellen Auslöschung hat und die einzige Hoffnung auf Unsterblichkeit darin sieht, den Fortbestand seiner Gene übers Grab hinaus zu sichern? Wenn das nicht der Grund ist, was dann? Wer oder was steckt hinter dieser gewaltigen Lebenslust? Die natürliche Selektion allein scheint zu schwach zu sein, um die ganze biologische Welt mit der ihr eigenen Geschwindigkeit und Leidenschaft voranzutreiben.

Ist vielleicht der süße Geschmack der Beziehungen – mögen sie auch biologisch fruchtlos bleiben – der Grund, sich all die Mühe zu machen? Oder ist es die Wonne, wenn man sich kopfüber in eine große Welle stürzt – selbst wenn die Kälte die Libido einfriert und es weniger wahrscheinlich wird, dass man mit der derzeitigen Ladung Sperma die Partnerin befruchten kann? Ist es das wellnessartige Vergnügen, durch den Rauch eines namibischen Buschfeuers zu fliegen?

Drängende Rufe von der Farm her rissen mich aus meiner Kontemplation. Das Feuer bewegte sich auf mich zu. Ja, aber nur langsam. Es war ein ziemlich unscheinbarer Schwelbrand, der höchstens kurzzeitig aufflackerte, wenn ein neuer Lufthauch den alten beiseiteschob, die meiste Zeit jedoch vorankroch wie ein Wasserfleck in einem Handtuch.

Ich ging über die geschwärzte, noch immer warme Erde zurück. Buschfeuer hatte ich schon einige erlebt, auch solche, die sogar große, schnelle Läufer einholen konnten. Aber hier lagen nur die Kadaver kleiner, langsamer Wesen: verkohlte Schlangen, Kleinsäuger mit versengtem Fell. Mochte das Feuer auch nicht aufsehenerregend sein, ein Entrinnen gab es dennoch nicht: Die Mauersegler hatten sich im Rauch eines Krematoriums geaalt.

Inzwischen war ihr Rauchbad beendet, sie schnappten sich nun die aufgeschreckten Insekten, die am äußersten Rand des Feuers aufstiegen. Diese Vögel haben möglicherweise Fliegen getötet, die im Kot Südafrikanischer Seebären in den grunzenden Kolonien an der Küste geschlüpft waren, sie sind den durchs Okavango-Delta galoppierenden Zebraherden gefolgt oder haben im regenbogenschillernden Nebel der donnernden Wasserfälle des Sambesi gespielt, ehe sie die Seidenstraße zurück zu den Ahnentempeln des kaiserlichen Chinas genommen haben. Wenn man über Mauersegler spricht, wird man zu einem unausstehlichen Romantiker, allein indem man die Fakten aufzählt.

Bei diesen Seglern handelt es sich, wie gesagt, um die asiatische Subspezies des Mauerseglers. Die Vögel, die wir in Jerusalem kennengelernt haben (und die jetzt wahrscheinlich in Angola, Sambia oder der Demokratischen Republik Kongo weilen), werden als eine Mischform zwischen *Apus apus* und *Apus apus pekinensis* betrachtet.

Im Lauf der Jahre haben aggressive Systematiker versucht, mich in ihre Kämpfe über die Mauersegler-Klassifizierungen hineinzuziehen, und freundliche, nachdenkliche Systematiker waren bemüht, mich für ihre Fragestellungen zu interessieren. Beide sind gescheitert.

Hier eine kleine Kostprobe aus solchen Konversationen:

»Neueste Molekularphylogenie stellt diese Spezies [*Apus apus*] in eine Klade mit *A. niansae*, *A. bradfieldi*, *A. barbatus*, *A. berliozi*, *A. unicolor*, *A. alexandri* und *A. pallidus*. Ursprünglich wurde nächste Verwandtschaft mit *A. niansae* und *A. unicolor* vermutet; gilt als konspezifisch mit beiden sowie mit *A. barbatus*. In Südwestasien brütende Vögel werden als eigenständige Art *marwitzi* geführt, aber dieses schlecht differenzierte Taxon findet keine breite Zustimmung. Die israelische Population wird als Intermediärform zwischen Nominatform und *pekinensis* betrachtet. Weithin anerkannt sind zwei Subspezies.«[130]

Mit diesem Zitat möchte ich niemanden verspotten oder parodieren. Ich habe großen Respekt vor dieser akribischen Wissenschaft, die uns so viel über die Genealogie der Arten verrät – also woher sie stammen. Es ist faszinierende und wichtige Familienhistorie. Was ich daran auszusetzen habe, ist lediglich, dass es eben Familien*historie* ist, nicht Familien*gegenwart* oder Familien*zukunft*. Die Taxonomiker gehen zwar davon aus, dass die Artengrenzen in der Vergangenheit fließend waren, aber sie akzeptieren dies nicht für die Gegenwart. Man tut so, als könne man auf einen Vogel zeigen und zweifelsfrei sagen: »Das ist ein *Apus apus pekinensis*.« Aber das geht nicht. In ein paar Millionen Jahren – für die Evolution nur ein kurzes Blinzeln – wird eine solche Subspezies nicht mehr existieren. Und tatsächlich gibt es sie auch jetzt nicht. Sie ist nur als Kategorie in den Köpfen derer vorhanden, die ihre Existenz behaupten.

Darwins große Erkenntnis lautete, dass Spezies veränderlich sind, doch das gerät manchmal in Vergessenheit. Unsere Kategorien sind uns wichtiger (weil wir sie selbst gemacht haben) als die Realität der Natur. Man kann ebenso wenig auf einen Vogel deuten und sagen: »Das ist ein Mauersegler«, wie man auf einen Punkt in einem Wasserlauf zeigen und sagen kann: »Dieser Punkt dort drüben, das ist der Nil.« Denn alles ist im Wandel begriffen, alles ist fließend. Und dieser Fluss schwemmt all unsere schönen Schubladen weg. Ich habe noch nie »den« Mauersegler gesehen. Das werde ich auch nicht, weil es ihn nicht gibt. Hingegen habe ich eine ganze Menge Mauersegler-Individuen gesehen – flinke, atemberaubende Vögel mit individuellen Vorlieben und Orientierungen und jeder mit seiner ganz eigenen Geschichte.

Das ist es! Geschichten. Wir sind alle eng miteinander verflochtene Geschichten, und jede davon ist Teil der Geschichte jedes anderen.

Geschichten badeten im Rauch anderer Geschichten; sie schnappten, zerquetschten und recycelten das Leben wieder anderer Geschichten und brachten manche Geschichten zu Ende, damit sie ihre eigenen weitererzählen konnten.

Das ist alles schön und gut, aber es hilft nicht gegen die näher rückende Dunkelheit. Es spendet keinen Trost am Grab unserer Eltern.

Man könnte auch sagen, dass Ökosysteme im Rauch anderer Ökosysteme baden und andere Ökosysteme recyceln. Ich bin ebenfalls ein Ökosystem. Tötet man die Bakterien und Pilze, die in mir sind und mich bedecken, sterbe ich. Reißt man mich aus dem Geflecht der Beziehungen zu Menschen und Nichtmenschen, das mein Leben ausmacht, bin ich nicht mehr ich. Es ist nicht nur der Begriff »Spezies« sinnlos, auch das Konzept des Individuums ist problematisch. Ich kann Ihnen nicht sagen, wo die Spezies *Apus apus* beginnt und wo sie aufhört, und ich kann Ihnen auch nicht sagen, was das für ein auffällig flugbegabtes Individuum über dieser kleinen Herde Springböcke ist.

Würden wir seine DNA sequenzieren, könnten wir herausfinden, dass es sich um einen Vertreter der Mauersegler-Spezies handelt – was im Grunde bedeutet, dass er eine Menge Basenpaare mit anderen Vögeln gemein hat, für die wir die Bezeichnung »Mauersegler« gewählt haben. Diese DNA findet sich in jeder seiner Zellen, jedoch besteht der Vogel aus viel mehr als bloßen Zellen. Er ist nicht nur die Gesamtheit seiner Zellen und seiner Protozoen, Pilze und anderer Mikroorganismen, sondern auch seiner Historie, seiner Erinnerungen und Neigungen. Womit wir wieder bei den Geschichten wären. Dieser Vogel besteht aus Geschichten, die in Geschichten in Geschichten in Geschichten stecken: eine Matrjoschka, die zufälligerweise in China geschlüpft ist. Zwar mag der Mauersegler hübsch und klar umrissen erscheinen, doch es lässt sich nicht sagen, wo seine Grenzen verlaufen, wo er oder ich oder sonst etwas anfängt oder aufhört.

Nichts von alldem ist in der Dunkelheit oder auf Friedhöfen hilfreich.

Es stimmt, dass alles im Wandel, im Fluss ist. Aber für Mauersegler fließt dieser Fluss schneller. Sie leben intensiver, sie packen mehr in ihr Leben hinein. Und auch ihre Gewohnheiten verändern sich schnell. Bevor die Menschen Häuser bauten, hatten Mauersegler ihre Nester, und heute nisten sie mehr oder weniger in den Gebäuden der Menschen.

Möglicherweise ist auch der Migrationskalender der Mauersegler im Wandel begriffen. Die Beweislage ist uneindeutig, aber vermutlich kommen sie neuerdings ein wenig früher an als sonst, insbesondere im sonnigeren Südeuropa,[131] vielleicht auch in Eurasien,[132] und sie sind in den 2000er-Jahren im Vergleich zu den 1960ern deutlich früher aus dem Vereinigten Königreich abgereist.[133] Wahrscheinlich überwintern mehr von ihnen nördlich der Sahara als noch vor einigen Jahren. Außerdem begünstigt der Klimawandel nachweislich ihre Verbreitung in Südafrika.[134] Dort, wie auch überall sonst, folgen die Mauersegler den Insekten. In einem heißeren Klima werden Insekten früher adult, so entwickeln sich mehr Insektengenerationen und vergrößern das Nahrungsangebot für die Vögel.

Die Zukunft der Mauersegler wird oft in düsteren Farben gemalt. Aber ich nehme an, dass ihre Zukunft rosiger ist als unsere. Wenn der *Homo sapiens* verschwunden ist, werden sie eine Menge idealer Nistplätze in den verfallenden Gebäuden finden, die wir ihnen hinterlassen.

Der Name *Apus apus* leitet sich vom griechischen *A pus* – ohne Füße – ab, wegen der normalerweise nicht sichtbaren Füße der Mauersegler. Während Menschen ihre Füße zur Fortbewegung benutzen, dienen sie flugfähigen

Vögeln zum Verharren: zum Hocken und Stehen. Für einen flugfähigen Vogel sind die Füße die Bestätigung seiner Unzulänglichkeit. Sie zeigen, dass er die Luft nicht vollständig erobert hat, nicht voll und ganz darin zu Hause ist.

Die Füße der Mauersegler lassen erkennen, was für ausgezeichnete Flieger sie sind. Wenn sie landen, dann normalerweise beim Nestanflug, und ihre Füße funktionieren dabei eher wie die Räder eines Flugzeugfahrgestells als wie normale, greiffähige Füße.

Kein migrierendes Tier könnte im Frühling zu Fuß von Südwestafrika nach Ostasien gehen, sich dort fortpflanzen und im Herbst zurücklaufen. Das Land erlaubt so etwas nicht. Eher würde das Tier selbst gefressen werden, als so viele Kilometer zu fressen. Die Mauersegler wissen mehr über das Land als die landlebenden Wesen, denn sie sind nicht von irdischer Existenz, was ihre Fußlosigkeit noch unterstreicht.

Es handelt sich also um ein unirdisches, erzählendes Ökosystem von unbestimmter Spezies, das keinen klaren Anfang, kein klares Ende und keine klaren Grenzen hat, das aber angeblich aus toten Chinesen besteht, möglicherweise die Inspiration für die Idee der Cherubim war, sich spätnachmittags in Rauch suhlt und sich darauf einstellt, die Nacht mit einer Wolke als Bettdecke zu verbringen, dann aber davonschießt, weil ihm das Gerücht um die Nase weht, dass ein paar Hundert Kilometer weiter nördlich Regen heranzieht.

»Herrgott, es sind *Vögel*!«, sagt der ehemalige Freund.

Ja, genau.

Dezember

Es ist kurz nach Sonnenaufgang. Ich kauere im Wald in der Nähe unseres Hauses in Oxford. Hin und wieder, wenn der Himmel Lust dazu hat, schickt er einen kurzen Schauer. Aber das ist selten. Er ist zu müde. Es ist windstill. Nichts regt sich, außer der gelegentlich gurrenden Ringeltaube, meinem alten Freund, dem Fuchs (der sich so sachte bewegt, dass es fast aussieht, als würde er von einem Ort zum anderen wachsen), und der Kälte, die aus dem Boden kriecht und um meine Beine und meine Nieren schleicht.

Nur der Fuchs hat eine Farbe. Ich ganz gewiss nicht.

Der Himmel ist plan und öde. Er könnte direkt vor meiner Nase sein oder eine Million Kilometer entfernt, man weiß es nicht. Nicht einmal die Tauben wollen hindurchfliegen, sie flattern nur unsicher von Ast zu Ast. Offenbar glauben sie nicht, dass ein solcher Himmel sie tragen kann. Das überrascht mich nicht. Er hat keine Textur, keine Infrastruktur; keine der durchsichtigen Röhren, durch die Robert Macfarlanes Mauersegler sausten. Er könnte jeden Moment einstürzen.

Nun ist es fünf Monate her, seit die Mauersegler durch den Bogen geschossen sind, den diese sich nach hinten biegenden Ahornäste gebildet haben, und sich in der Luft drehten wie Krokodile im Wasser, um die großen Schwebfliegen zu schnappen, die aus den Brombeeren aufgestiegen sind.

Es bringt nichts, so zu tun, als käme ich gut damit zurecht. Es bringt nichts, mir einzureden, dass der Wald und die Welt im Dezember nicht schlechter sind, nur *anders*. Da hilft es auch nicht, wenn ich mir in Erinnerung rufe, dass doch die Gänse hier sind, dass ich nur ein Stück weit fahren muss, um über der Mündung des Severn riesige Schwärme von Watvögeln zu sehen oder dass die Sturmvögel bereits zu den Nistplätzen in North Devon zurückgekehrt sind, die ich auf einer Karte eingezeichnet habe. Und ebenso wenig hilft es mir, wenn ich mir immer wieder sage, dass dies derselbe Himmel ist, den die Mauersegler in Sambia in Stücke sicheln.

Was jedoch manchmal hilft, ist zu wissen, dass es die Mauersegler trotzdem irgendwo gibt, an Orten, die ich kenne. Manchmal hilft es auch, sich Aufnahmen ihres Kreischens anzuhören, wie ein heimwehkranker Internatsschüler die verbleibenden Tage bis zum Mai abzuhaken oder die Nachrichten aus dem Kongo zu verfolgen.

Aber erotische Gedanken sind nicht dasselbe wie Geschlechtsverkehr.

Ich stehe auf, strecke mich und marschiere lüstern nach Hause, um einen Flug zu buchen.

Ich wartete auf sie. Und trank noch viel mehr Laurentina-Bier. Mir klatschte Gischt ins Gesicht, die nach dem üblen Mundgeruch eines Südlichen Glattwals stank. Ich fuhr zu der Insel hinaus, um den toten Sklavenhändler zu begrüßen. Jeden Abend kletterte ich auf die Anhöhe, um ins Landesinnere von Mosambik zu schauen. Im Internetcafé checkte ich das Wetter und die Ornithologie-Blogs. Ich warf den Hunden Knorpel zu. Ich schwitzte, flickte die Löcher in meinem Moskitonetz und beobachtete, wie Madagaskarspinte ihrem Nachwuchs in einer langen Höhle Futter brachten. In einer E-Mail nach Hause fragte ich: »Was um alles in der Welt tue ich hier?«, und hatte ein schlechtes Gewissen, weil ich wieder einmal verreist war und die Familie allein gelassen hatte. Ich lag wach und lauschte dem Kichern der Hyänen und dem feuchten Klatschen von Fledermausflügeln. Unter einem Schirm sitzend, sah ich zu, wie der Regen niederprasselte und sich einen neuen Kanal durch den Hof bahnte, durch den er schneller wieder ins Meer gelangen konnte. Ich beobachtete Giraffen, die zwischen Affenbrotbäumen schwankten, und Palmen, die sich im Meereswind bogen. Im Fußabdruck eines Elefanten saß ich am Strand und sah, wie der Himmel sich kräuselte, anschwoll und barst. Ich sah Affen, die ihren Freunden Zecken aus dem Anus zogen und diese mit Steinen zerquetschten. Ich las *Große Erwartungen* zu Ende und fing mit *Nicholas Nickleby* an.

Sie kamen nicht.

Ich fand einen Fischkasten aus Jakarta, eine Bierdose aus Kairo, einen mit Monogramm verzierten Teller von einem luxuriösen Kreuzfahrtschiff mit Heimathafen Florida, eine Schildkrötenflosse, den Schnabel eines Tölpels und den Fötus eines Schweinswals.

Und sie kamen immer noch nicht.

Ich weiß, wie es läuft, dachte ich. Sie sind irgendwo in Malawi und futtern Termiten. Wenn ich mein Rückflugticket buche, gibt ihnen das einen Schub. Sie werden tief über meinem Kopf hinwegsausen, wenn ich das Flugzeug besteige.

Ich bestieg das Flugzeug. Der Himmel blieb leer.

Es ist jetzt leichter, den öden, planen Himmel über Oxford zu ertragen. Sie haben sich entschieden, nicht hier zu sein, so wie sie sich entschieden haben, nicht in Mosambik zu sein. Und das ist gut so. Denn wenn in dieser Welt jemand einen ungebundenen Willen hat wie sie, wäre es nicht recht, ihn zu bändigen, ihn meinem eigenen kleingeistigen Willen zu unterwerfen.

Ich sagte, dass sie zwar millionenfach vorkommen, aber ganz und gar nicht gewöhnlich sind. Das war falsch. Ihre Kraft, ihre Freiheit und ihre Freude sind das, was alles seinem Wesen nach ist – auch wenn wir es normalerweise nicht erkennen. Nur wenn die Mauersegler am Himmel kreischen, werden wir uns unwillkürlich dessen bewusst. Und so soll es sein, für alle Zeiten.

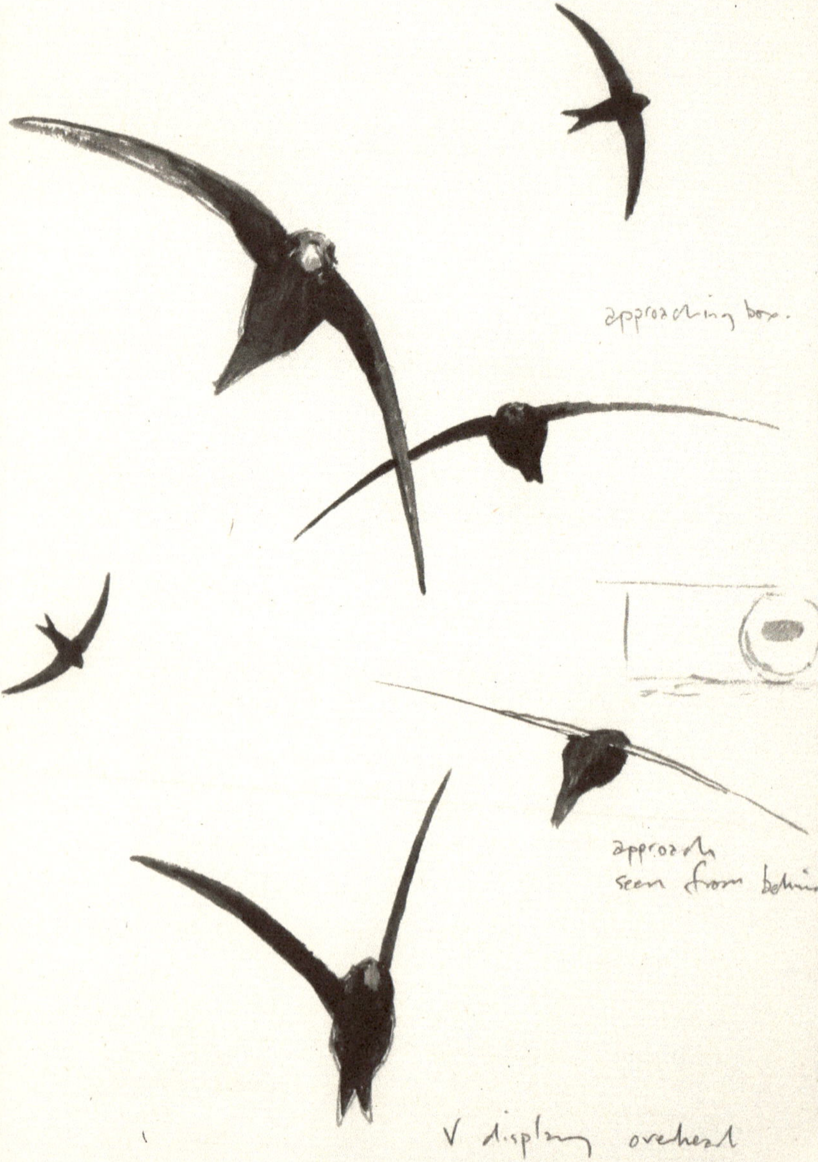
approaching box.
approach
seen from behind
V display overhead

Anmerkungen

1 Tim Birkhead, *Die Sinne der Vögel* [Original: *Bird Sense*], übers. v. Monika Niehaus, Berlin 2015, S. 139.

2 Andrew Harvey, *Ins Innerste des Mandala* [Original: *A Journey in Ladakh*], übers. v. Jochen Eggert, Reinbek 1995, S. 108.

Vorbemerkung des Autors

3 www.amnh.org

Januar

4 Anders Hedenström, Gabriel Norevik, Kajsa Warfvinge, Arne Andersson, Johan Bäckman und Susanne Åkesson, »Annual 10-month aerial life phase in the Common Swift *Apus apus*«, *Current Biology* 26(22) (2016), S. 3066–3070.

5 Basierend auf Susanne Åkesson, Raymond Klaassen, Jan Holmgren, James W. Fox und Anders Hedenström, »Migration routes and strategies in a highly aerial migrant, the Common Swift *Apus apus*, revealed by light-level geolocators«, *PloS one* 7(7) (2012): e41195, S. 7, allerdings angepasst, weil sich die Arbeit eigentlich auf Mauersegler in Schweden bezieht.

6 Die Distanz zwischen Erde und Mond variiert, liegt aber bei etwa 384 400 Kilometern.

7 Die mittlere Entfernung zur Sonne beträgt etwa 149,6 Millionen Kilometer.

8 Einen ausgezeichneten Überblick über die Fakten und die politischen Hintergründe zur Ernährung liefert Carolyn Steel, *Sitopia: How Food Can Save the World*, Random House, 2020.

9 Josef Rajchard, Jan Procházka und Pavel Kindlmann, »Long-term

decline in Common Swift *Apus apus* annual breeding success may be related to weather conditions«, *Ornis Fennica* 83(2) (2006), S. 66: vor allem Blattläuse, Hautflügler, Käfer und Zweiflügler.

10 Carolyn Steel, *Sitopia*, a. a. O.

11 »The Swift«, in *The complete poems and fragments of Wilfred Owen*, Chatto & Windus, 1983.

12 Janet Andrews, *A Day in a Life is Janet's Story*, Memoirs Publishing, 2012.

13 Andrew Harvey, *Ins Innerste des Mandala* [Original: *A Journey in Ladakh*], übers. v. Jochen Eggert, Reinbek 1995, S. 108.

14 Ted Hughes, *Crow and the Birds*, in *Crow*, Faber, 1970.

15 Randle Manwaring, *The Swifts of Maggiore*, Fuller D'Arch Smith Ltd, 1981.

16 Hugh David Loxdale, *Swifts*, in *Bird Words: Poetic images of wild birds*, Brambleby Books, 2003.

17 Ted Hughes, *Swifts*, in *Season Songs*, Faber, 1975.

18 Ted Hughes, *Swifts*, ebd.

19 Anne Collie, *Swifts at Letcombe*, Collie, 1997.

20 Derek Ramsay, *The Return Stick* (keine weiteren Angaben verfügbar).

21 Peter Fish, *Swifts: Superstars*, Fish, 1981.

22 Hugh David Loxdale, *Swifts*, ebd.

23 Roger Yates, *Swift Summer*, Yates, 2009.

24 Trevor J. James, *Devil Birds* (keine weiteren Angaben verfügbar).

25 W. H. Hudson, *Afoot in England*, Hutchinson, 1909.

26 John Clare, *Northborough Sonnets*, in Robinson, Eric (Hg.), Carcanet, 1995.

27 C. S. Lewis, *A Grief Observed* (unter dem Pseudonym N. W. Clerk), Faber, 1961.

28 R. S. Thomas, *Swifts*, in *Collected Poems*, 1945–1990, Dent, 1993.

29 Gilbert White, *The Naturalist's Summer Evening Walk*, in *The Natural History and Antiquities of Selborne, in the County of Southampton. To Which are Added, The Naturalist's Calendar; Observations on Various Parts of Nature; and Poems*, White, Cochrane, 1813.

30 http://datazone.birdlife.org/species/factsheet/

Februar

31 Studien zur Sterblichkeit von Mauerseglern finden sich zusammengefasst bei Giovanni Boano, Irene Pellegrino, Mauro Ferri, Marco Cucco, Fausto Minelli und Susanne Åkesson, »Climate anomalies

affect annual survival rates of swifts wintering in sub-Saharan Africa«, *Ecology and evolution* 10(14) (2020), S. 7916–7928.

32 Als die englische Ausgabe dieses Buchs Korrektur gelesen wurde, meinte einer der Korrektoren, die Passage sei rassistisch. Allen, die dem zustimmen, möchte ich sagen, dass nicht rassistisch zu sein nicht bedeutet, so zu tun, als wäre die Welt eine Monokultur (was sie offensichtlich und wunderbarerweise nicht ist) oder als wären Menschen überall gleich (sie sind herrlich vielfältig); rassistisch ist es hingegen, aufgrund solcher Unterschiede zu diskriminieren. Das ist recht banal und sollte gar nicht gesagt werden müssen. Die im Text erwähnte Beobachtung ergab sich aus einem Gespräch mit einer israelischen Soldatin. Sie erzählte, dass die Soldaten nach einigen Monaten Dienst in der Altstadt von Jerusalem die Nationalität der meisten Touristen, die durch die Straßen bummeln, anhand von rudimentären Hinweisen sehr genau bestimmen können. Jeder Vogelbeobachter, der sich zur Identifizierung eines Vogels auf dessen charakteristisches Erscheinungsbild verlässt, versteht auf Anhieb, was sie damit meint. Zweifellos verwenden einige dieser Soldaten die Informationen, die sie aus den Hinweisen gewonnen haben, um zu diskriminieren. Das ist rassistisch und schlecht. Es ist also die Nutzung von Informationen, die den Rassismus begründet. Fakten an sich sind nicht rassistisch.

33 Sie fliegen nicht nur lange Strecken, sondern auch sehr hoch. Im Himalaja suchen sie in einer Höhe von über 4000 Metern nach Nahrung, und man weiß, dass sie Ladakh in einer Höhe von 5700 Metern überqueren. Siehe The Cornell Lab of Ornithology: www.birdsoftheworld.org

34 In Israel werden die ersten Mauersegler jedes Jahr Ende Januar im Süden des Landes gesichtet. An der Klagemauer in Jerusalem treffen sie ab Mitte/Ende Februar ein (Amnonn Hahn: persönliche Kommunikation).

35 David Lack, *Swifts in a Tower* (überarbeitete Ausgabe), Unicorn, 2018, S. 128.

36 Tatsächlich scheinen Vögel relativ wenig Glukose als Glykogen zu speichern, siehe Eldon J. Braun und Karen L. Sweazea, »Glucose regulation in birds«, *Comparative Biochemistry and Physiology Part B: Biochemistry and Molecular Biology* 151(1) (2008), S. 1–9.

37 C. J. O. Harrison, »A revision of the fossil swifts (Vertebrata, Aves, Suborder, Apodi), with descriptions of three new genera and two new species«, *Mededelingen van de Werkgroep voor Tertiaire en*

Kwartaire Geologie 21(4) (1984), S. 157–177. https://natuurtijdschriften.nl/pub/521070/MWTKG1984021004004.pdf

38 Gerald Mayr, »Reappraisal of Eocypselus – a stem group apodiform from the early Eocene of Northern Europe«, *Palaeobiodiversity and Palaeoenvironments* 90(4) (2010), S. 395–403. Siehe auch Gerald Mayr, »Skeletal morphology of the middle Eocene swift Scaniacypselus and the evolutionary history of true swifts (Apodidae)«, *Journal of Ornithology* 156(2) (2015), S. 441–450.

39 Daniel T. Ksepka, Julia A. Clarke, Sterling J. Nesbitt, Felicia B. Kulp und Lance Grande, »Fossil evidence of wing shape in a stem relative of swifts and hummingbirds (Aves, Pan-Apodiformes)«, *Proceedings of the Royal Society B: Biological Sciences*, 280, 1761 (2013): 20130580.

40 Wahrscheinlich in zwei Schüben, vor etwa 37 und vor 33 Millionen Jahren.

März

41 Tatsächlich handelt es sich um den dritten Tempel. Der zweite wurde von Serubbabel erbaut und stand rund 500 Jahre, ehe er durch Herodes' Tempel ersetzt wurde.

42 1 Kön 6,23–28.

43 Ex 25,22 (Einheitsübers.).

44 1 Kön 6,23–35.

45 Auch andere Vögel nisten in der Klagemauer: sehr viele Hausspatzen, einige Dohlen und ein paar Stadttauben. Manche Mauersegler teilen sich ihre Bruthöhlen (oder zumindest den Eingang dazu) mit Spatzen. Siehe Ulrich Tigges, »Colony Jerusalem«, www.commonswift.org

46 »Migratory swifts put on ancient aerial show at a Western Wall emptied of people«, in Aviv Lavie, *The Times of Israel*, 12. Mai 2020.

47 Common Swift Forum, 24. März 2001: www.commonswift.org

48 Ps 84,11 (Einheitsübers.).

49 Sure 27,15–16, zitiert nach *Der Koran*. Aus dem Arabischen von Max Henning, überarbeitet und herausgegeben von Murad Wilfried Hofmann, München 1999, S. 304 f.

April

50 Susanne Åkesson, Raymond Klaassen, Jan Holmgren, James W. Fox und Anders Hedenström, »Migration Routes and Strategies in a Highly Aerial Migrant, the Common Swift *Apus apus*, Revealed

by Light-Level Geolocators«, *PloS one* 7(7)(2012): e41195, www.ncbi.nlm.nih.gov/pmc/articles/PMC3399846/

51 Siehe www.ks.uiuc.edu und Thorsten Ritz, Salih Adem und Klaus Schulten, »A model for photoreceptor-based magnetoreception in birds«, *Biophysical Journal*, 78, S. 707–718, 2000, https://pubmed.ncbi.nlm.nih.gov/10653784/

52 Siehe die Erörterung von Anders Hedenström und Susanne Åkesson, »Adaptive airspeed adjustment and compensation for wind drift in the Common Swift: Differences between day and night«, *Animal Behaviour* 127 (2017), S. 117–123, www.sciencedirect.com/science/article/abs/pii/S0003347217300829

53 Allerdings waren zu dem Zeitpunkt, als das Buch geschrieben wurde, noch keine Daten veröffentlicht worden, die man durch GPS-Geräte gewonnen hatte. Aber offenbar würde sich das Bild nicht wesentlich ändern, das sich aus den Auswertungen der Geolokatoren ergibt.

54 Åkesson et al., »Migration routes and strategies«, a. a. O., https://doaj.org/article/6a52d639765d4b0e9aa6e9bbb59cb7ec

55 Zitat aus Mike Toms, *Flightlines: Tracking the wonders of bird migration,* British Trust for Ornithology, 2017.

56 Åkesson et al., »Migration routes and strategies«, a. a. O.

57 Åkesson et al., »Migration routes and strategies«, a. a. O.

58 Adriaan M. Dokter, Susanne Åkesson, Hans Beekhuis, Willem Bouten, Luit Buurma, Hans van Gasteren und Iwan Holleman, »Twilight ascents by Common Swifts, *Apus apus*, at dawn and dusk: acquisition of orientation cues?«, *Animal Behaviour* 85(3) (2013), S. 545–552. Siehe auch Helen Macdonald, *Vesper Flights,* Jonathan Cape, 2019, S. 136–144 [dt.: *Abendflüge*, übers. v. Ulrike Kretschmer, München 2021].

59 Christoph M. Meier, Hakan Karaardıc, Raul Aymi, Strahil G. Peev, Erich Bachler, Roger Weber, Willem Witvliet und Felix Liechti, »What makes Alpine swifts ascend at twilight? Novel geolocators reveal year-round flight behaviour«, *Behavioral Ecology and Sociobiology* 72(3) (2018), S. 45.

60 Cecilia Nilsson, Johan Backman und Adriaan M. Dokter, »Flocking behaviour in the twilight ascents of Common Swifts *Apus apus*«, *Ibis* 161(3) (2019), S. 674–678.

Mai

61 C.J.O. Harrison und J.R. Stewart, »Birds from Boxgrove«, *The Middle Palaeolithic Site at ARC Eartham Quarry, Boxgrove, West Sussex, UK* (hg. v. M.B. Roberts und S.A. Parfitt), English Heritage Monograph Series 16, 1990.

62 *The State of the UK's Birds, 2020*: www.rspb.org.uk. Schätzungen zufolge halten sich im Sommer 59 000 Mauersegler im Vereinigten Königreich auf. Siehe auch www.bto.org

63 David Lack: *Swifts in a Tower*, a.a.O., S. 237.

64 »Country commuters flying in the face of danger«, in *Days of Wonder: Contributions to the Daily Express, 1966–1971*, The Henry Williamson Society, 1987.

65 Thaís L.F. Martins, Jeremy K. Blakey und Jonathan Wright, »Low incidence of extra-pair paternity in the colonially nesting Common Swift *Apus apus*«, *Journal of Avian Biology* 33(4) (2002), S. 441–446.

66 Carl Safina, *Beyond words: What animals think and feel*, Macmillan, 2015 [dt.: *Die Intelligenz der Tiere*, übers. v. Sigrid Schmid und Gabriele Würdinger, München 2017].

67 Ulrich Tigges, »The spatial and temporal behaviour of a Common Swift *Apus apus* colony in Tel Aviv«, *Sandgrouse* 25(1) (2003), S. 49–52.

68 *Swifts in a Tower*, a.a.O., S. 38.

69 Barrie G.M. Jamieson und Sandro Tripepi, »Ultrastructure of the spermatozoon of the Common Swift, with phylogenetic Implications«, *Acta Zoologica*, 86(4) (2005), S. 239–244.

70 *Swifts in a Tower*, a.a.O., S. 44.

71 www.commonswift.org

72 *Swifts in a Tower*, a.a.O., S. 129.

73 Beatrice Sicurella, Mario Caffi, Manuela Caprioli, Diego Rubolini, Nicola Saino und Roberto Ambrosini, »Weather conditions, brood size and hatching order affect Common Swift *Apus apus* nestlings' survival and growth«, *Bird Study* 62(1) (2015), S. 64–77.

74 *Swifts in a Tower*, a.a.O., S. 76.

Juni

75 Sicurella et al., »Weather conditions, brood size and hatching order affect Common Swift *Apus apus* nestlings' survival and growth«, ebd.

76 *Swifts in a Tower*, a.a.O., S. 79.

77 *Swifts in a Tower,* a. a. O., S. 80 f.

78 Ein Flug bis nach Amsterdam ist allerdings sehr unwahrscheinlich. Brütende Vögel bleiben eher in der Nähe ihres Nests – Nichtbrüter allerdings legen oft weite Strecken zurück.

79 David Lack, »The significance of clutch-size«, *Ibis* 89(2) (1947), S. 302–352; vgl. Eric Vander Werf, »Lack's clutch size hypothesis: an examination of the evidence using metaanalysis«, *Ecology* 73(5) (1992), S. 1699–1705.

80 Thaís L. F. Martins und Jonathan Wright, »Brood reduction in response to manipulated brood sizes in the Common Swift (*Apus apus*)«, *Behavioral Ecology and Sociobiology* 32(1) (1993), S. 61–70.

81 Thaís L. F. Martins und Jonathan Wright, »Brood reduction in response to manipulated brood sizes in the Common Swift (*Apus apus*)«, ebd.

82 Mark D. Walker und Ian D. Rotherham, »The Common Swift louse fly, *Crataerina pallida:* An ideal species for studying host–parasite interactions«, *Journal of Insect Science* 10(1) (2010), S. 193.

83 Mark D. Walker und Ian D. Rotherham, »The breeding success of Common Swifts *Apus apus* is not correlated with the abundance of their Louse Fly *Crataerina pallida* parasites«, *Bird Study* 57(4) (2010); Mark D. Walker und Ian D. Rotherham, »Host selection by the Louse Fly *Crataerina pallida*, an avian nest ectoparasite of the Common Swift *Apus apus*«, *Experimental parasitology* 129(1) (2011), S. 48–54.

84 Cristeta Brause, Hagen Gasse und Gerald Mayr, »New observations on the splenius capitis and rectus capitis ventralis muscles of the Common Swift *Apus apus* (Apodidae)«, *Ibis* 151(4) (2009), S. 633–639.

85 *Swifts in a Tower,* a. a. O., S. 27.

86 www.birdguides.com

87 *Swifts in a Tower,* a. a. O., S. 150 f.

Juli

88 Anneke van Arkel, »Dakloze vogels onder dak«, *Dakvisie* 04(38) (1997).

89 www.commonswift.org

90 Giacomo Dell'Omo, Enrico Alleva und Claudio Carere, »Parental recycling of nestling faeces in the Common Swift«, *Animal Behaviour* 56(3) (1998), S. 631–637. Zur Frage, welchen Beitrag zur Brut-

pflege Männchen und Weibchen jeweils leisten, siehe Claudio Carere und Enrico Alleva, »Sex differences in parental care in the Common Swift (*Apus apus*): effect of brood size and nestling age«, *Canadian Journal of Zoology* 76(7) (1998), S. 1382–1387.

91 Marijke N. de Boer, James T. Saulino und Andy C. Williams, »First documented record of Common Swift *Apus apus* for Surinam and South America«, *Cotinga* 36 (2014), S. 107–109.

92 Thaís L. F. Martins, »Fledging in the Common Swift, *Apus apus*: weight-watching with a difference«, *Animal Behaviour* 54(1) (1997), S. 99–108; Jonathan Wright, Shai Markman und Shaun M. Denney, »Facultative adjustment of pre-fledging mass loss by nestling swifts preparing for flight«, *Proceedings of the Royal Society B: Biological Sciences* 273: 1596 (2006), S. 1895–1900.

August

93 Die Frage wird diskutiert in Ulrich Tigges, »The phenology of the Common Swift *Apus apus* in Eurasia and the problem of defining the duration of their stay«, *Podoces* 2 (2007), S. 127–140.

94 Gilbert White, *Natural History and Antiquities of Selborne,* a. a. O., Brief vom 8. Dezember 1769.

95 Siehe Tigges, »The phenology of the Common Swift *Apus apus* in Eurasia and the problem of defining the duration of their stay«, a. a. O. Edward Jenner hat es richtig erfasst. »Erlauben Sie mir, Ihre Aufmerksamkeit auf die Jahreszeit zu lenken, in der viele dieser Vögel entschwinden. Es geschieht, wenn sie keine kalten Windstöße spüren, die sie lähmen, und wenn das normale Futter, von dem sie sich ernähren, sich in großer Fülle in der Luft verteilt findet …« – »Some Observations on the Migration of Birds«, Philosophical Transactions of the Royal Society, S. 114 (1824).

96 A. H. J. Wellbrock, C. Bauch, J. Rozman und K. Witte, »›Same procedure as last year?‹ Repeatedly tracked swifts show individual consistency in migration pattern in successive years«, *Journal of Avian Biology* 48(6) (2017), S. 897–903.

97 Susanne Åkesson, Phil W. Atkinson, Ana Bermejo, Javier de la Puente, Mauro Ferri, Chris M. Hewson, Jan Holmgren et al., »Evolution of chain migration in an aerial insectivorous bird, the Common Swift *Apus apus*«, *Evolution* 74(10) (2020), S. 2377–2391.

98 Åkesson et al., »Migration routes and strategies in a highly aerial migrant, the Common Swift *Apus apus*, revealed by light-level geolocators«, a. a. O.

99 Lars Bo Jacobsen, Niels Odder Jensen, Mikkel Willemoes, Lars Hansen, Mark Desholm, Anthony D. Fox, Anders p. Tøttrup und Kasper Thorup, »Annual spatiotemporal migration schedules in three larger insectivorous birds: European nightjar, Common Swift and common cuckoo«, *Animal Biotelemetry* 5(1) (2017), S. 1–11.

100 Åkesson et al., »Migration routes and strategies in a highly aerial migrant, the Common Swift *Apus apus*, revealed by light-level geolocators«, a. a. O.

101 Åkesson et al., »Migration routes and strategies in a highly aerial migrant, the Common Swift *Apus apus*, revealed by light-level geolocators«, a. a. O.

102 Åkesson et al., »Migration routes and strategies in a highly aerial migrant, the Common Swift *Apus apus*, revealed by light-level geolocators«, a. a. O.

September

103 Diese Arten werden üblicherweise genannt, wenn von Aristoteles' Theorie über die Verwandlung der Vögel gesprochen wird, aber es bestehen erhebliche Zweifel, ob diese alle korrekt identifiziert wurden.

104 Aristotle, *History of Animals*, 600a, S. 10–16, übers. v. Peter Thonemann [dt.: Aristoteles, *Naturgeschichte der Tiere*, 3, Buch 6–8, übers. v. Anton Karsch, Stuttgart 1866, S. 172].

105 James Boswell, *The Life of Samuel Johnson.*

106 Gilbert White, *The Natural History and Antiquities of Selborne*, a. a. O., Brief an Thomas Pennant.

107 John Hunter, *Essays and Observations on Natural History, Anatomy, Physiology, Psychology and Geology*, Richard Owen (Hg.), Van Voorst, 1861, Bd. 2, S. 148.

108 Siehe Thomas Pennants Beschreibung dieses Experiments im *Gentleman's Magazine*, 66, 399 (1796). Zur Frage, wie sich der Blick auf die Vogelmigration ab der Antike veränderte, siehe I. F. Lyle, »John Hunter, Gilbert White, and the migration of swallows«, Annals of the Royal College of Surgeons of England (1978) 60(6), S. 485–491; sowie Ashleigh Green, »Cultural responses to the migration of the barn swallow in Europe« (2019), www.anuhj.com.au

109 Edward Jenner, »Some Observations on the Migration of Birds«, ebd.

110 Ebd.

111 Robert Macfarlane, *The Old Ways*, Penguin Books, 2012 [dt.:

Alte Wege, übers. v. Andreas Jandl u. Frank Sievers, Berlin 2016, S. 287].

112 Henry Douglas-Home, *The Birdman: Memories of Birds*, Collins, 1977, zitiert in Martin Garwood, *The Wind Rippers: Encounters with Swifts* (2019).

Oktober

113 Thomas Pennant, *British Zoology*, Bd. 3, W. Eyres, 1776.

114 In einem glaubwürdigen Bericht wird eine Sichtung im Vereinigten Königreich am 3. Dezember erwähnt.

115 George Stoyanov und Peter Shurulinkov, »Late nesting of the Common Swift *Apus apus* and the Pallid Swift *Apus pallidus* in Bulgaria«, *Acrocephalus* 24, Nr. 119 (2003), S. 145 f.

116 Craig Hatkoff und Isabella Hatkoff, *Owen and Mzee: The true story of a remarkable friendship*, Scholastic Press, 2006; Isabella Hatkoff, Craig Hatkoff und Paula Kahumbu, *Owen and Mzee: The language of friendship*, Scholastic Press, 2007.

117 Paul R. Ehrlich, David S. Dobkin und Darryl Wheye, »Mixed-species flocking« (1988) https://web.stanford.edu/group/stanfordbirds/text/essays/Mixed-Species_Flocking.html; E. Goodale, P. Ding, X. Liu et al., »The structure of mixed-species bird flocks, and their response to anthropogenic disturbance, with special reference to East Asia«, *Avian Research 6*, 14 (2015); C. Mammides, J. Chen, U.M. Goodale, S.W. Kotagama und E. Goodale, »Measurement of species associations in mixed-species bird flocks across environmental and human disturbance gradients«, *Ecosphere* 9(7) (2018): e02324.

118 Phil Chantler und Gerald Driessens, *Swifts: A Guide to the Swifts and Treeswifts of the World*, Pica Press, 2000, S. 221.

119 www.birdsoftheworld.org

120 Åkesson et al., »Evolution of chain migration in an aerial insectivorous bird, the Common Swift *Apus apus*«, a. a. O.

121 Mauersegler haben nur wenige bedeutende natürliche Feinde. Sie werden verschlungen vom Meer, von Stürmen und zum Spaß von schnellen und glücklichen Raubvögeln. Manchmal schleichen sich Ratten in unklug gewählte Nester und schnappen sich die Nestlinge.

122 Zitiert in *Swifts in a Tower*, a. a. O., S. 197.

123 Zitiert in *Swifts in a Tower*, a. a. O., S. 197 f.

124 Reverend C. A. Johns, *British Birds in their Haunts*, George Routledge, 1909, zitiert in *The Wind Rippers*, ebd.

125 J.M. Harrison, *The Birds of Kent*, Bd. 2, Witherby, 1953, zitiert in *The Wind Rippers*, ebd.

126 Zu den toxischen Rückständen bei Mauerseglern siehe Roberto Miniero, Claudio Carere, E. De Felip, Nicola Iacovella, Fabrizio Rodriguez, Enrico Alleva und A. Di Domenico, »The use of Common Swift (*Apus apus*), an aerial feeder bird, as a bioindicator of persistent organic microcontaminants«, *Annali dell'Istituto superiore di sanita* 44(2) (2008), S. 187–194.

127 J. Zatoński, »Population of Common Swift in Poznan (Poland) and Ecosystem Services Provided by it«, *Ekonomia i Środowisko* 4 (2016), S. 263–273.

November

128 Manche überwintern auch in Ostafrika.

129 *A. a. pekinensis* weist laut dem Cornell Lab of Ornithology auch eine »stärkere Kontrastierung der Flügel« auf, aber mir ist nicht klar, was das heißen soll. In meinen Augen sind die Flügel von *A. apus* und *A. a. pekinensis* identisch.

130 Cornell Lab of Ornithology: www.birdsoftheworld.org

131 Siehe Oscar Gordo, Juan Jose Sanz und Jorge M Lobo, »Environmental and geographical constraints on Common Swift and barn swallow spring migration patterns throughout the Iberian peninsula«, *Journal of Biogeography* (2007) 34, S. 1065–1076; vgl. Oscar Gordo, »Does climate change affect Common Swift *Apus apus* migratory phenology?«, *Apuslife* (2007), S. 3237.

132 Ulrich Tigges, »The Phenology of the Common Swift *Apus apus* in Eurasia and the problem of defining the duration of their stay«, a. a. O.

133 Stuart E. Newson, Nick J. Moran, Andy J. Musgrove, James W. Pearce-Higgins, Simon Gillings, Philip W. Atkinson, Ryan Miller, Mark J. Grantham und Stephen R. Baillie, »Long-term changes in the migration phenology of UK breeding birds detected by large-scale citizen science recording schemes«, *Ibis* 158(3) (2016), S. 481–495.

134 Danni Guo, Gina Zietsman und Philip A. R. Hockey, »Climate Change Impacts on the Common Swift in South Africa«, *International Journal of Environmental Science and Development* 7(4) (2016), S. 306–311.

Literatur

Die wissenschaftliche Literatur über Mauersegler hat einen beträchtlichen Umfang und nimmt rapide zu. Wann immer ich einen wissenschaftlichen Artikel zurate gezogen habe, findet sich die Quellenangabe in der zugehörigen Endnote. Diese Literaturhinweise beschränken sich allerdings auf *Bücher* zum Thema Mauersegler, und wie man sich denken kann, gibt es davon nicht viele.

Das klassische Werk, auf das alle anderen aufbauen, die sich mit dem Thema Mauersegler befassen, ist *Swifts in a Tower* von David Lack. Ursprünglich 1956 erschienen und lange Zeit vergriffen, gab es 2018 eine Neuauflage, aktualisiert mit einem zusätzlichen Kapitel seines Sohns Andrew Lack.

In nur zwei der hier aufgeführten Bücher geht es nicht speziell um Mauersegler: Tim Birkheads großartigem Überblick über die Sinne der Vögel und Horatio Clares wunderbarer Schilderung seiner Reisen entlang der Migrationsroute einer walisischen Schwalbe. Beide verraten uns auch eine Menge über das Leben der Mauersegler.

Bücher

Birkhead, Tim, *Bird Sense: What it's like to be a bird*, Bloomsbury Publishing, 2012 [dt.: Tim Birkhead, *Die Sinne der Vögel*, übers. v. Monika Niehaus, Berlin 2015].

Bromhall, Derek, *Devil Birds: The life of the swift*, Hutchinson, 1980.

Chantler, Phil, *Swifts: A guide to the swifts and treeswifts of the world*, Bloomsbury Publishing, 2010.

Clare, Horatio, *A Single Swallow: Following an epic journey from South Africa to South Wales*, Vintage, 2010.

Garwood, Martin, *The Wind Rippers: Encounters with swifts*, Martin Garwood, 2019.

Glenday J., Summerton R., Lolley A. und Ramsay D., *Swifts*, Salty Press, 2010.

Lack, Andrew und Overall, Roy, *The Museum Swifts*, Oxford University Museum of Natural History, 2002.

Lack, David, *Swifts in a Tower*, Unicorn, 2018.

Pomroy, Jonathan, *On Crescent Wings: A portrait of the swift*, Mascot, 2018.

Unwin, Mike, *RSPB Spotlight: Swifts and Swallows*, Bloomsbury Wildlife, 2018.

Walker, Mark, *Swift Summers: My life with the Common Swift*, Lulu, 2016.

Websites

Common Swift Worldwide eignet sich bestens als erste Anlaufstelle für Informationen zur Biologie der Mauersegler: commonswift.org

Swift Conservation ist eine Fundgrube voller Ratschläge zur Pflege von Mauerseglern, einschließlich Notfalltipps: swift-conservation.org

Action for Swifts ist ein digitales Schwarzes Brett für Mauersegler-Freunde: actionforswifts.blogspot.com

Die Mauersegler im Turm der Oxford University: oumnh.ox.ac.uk/swifts-in-the-tower

Das Projekt »Oxford Swift City«: rspb.org.uk

Mauersegler in Bristol: bristolswifts.co.uk

SOS Martinets, die Naturschutz-Seite für Mauersegler in Frankreich: sosmartinets.com

Jochem Kuhnen, ein holländischer Mauersegler-Liebhaber: xjochemx.nl

Das Mauersegler-Tracking-Projekt des British Trust for Ornithology: bto.org

Die Seite der Northern Ireland Swift Group: www.saveourswifts.co.uk

Jonathan Pomroy, ein auf Mauersegler spezialisierter Wildtiermaler und der Illustrator dieses Buches: jonathanpomroy.wordpress.com

Dank

Die Danksagung zu verfassen ist stets ein fröhlicher, aber auch frustrierender Bestandteil des Bücherschreibens. Fröhlich deshalb, weil man sich zwangsläufig an gesellige Abende, spannende Reisen, erhellende Gespräche und Großzügigkeit und Ermutigung erinnert. Und frustrierend, weil ein paar Worte oder gar nur die Erwähnung eines Namens so wenig als Ausgleich dafür taugen, was mir an Zeit, Gastfreundschaft, Geduld und Weisheit entgegengebracht worden ist; und weil immer vielen Menschen ungerechterweise nicht einmal diese Erwähnung zuteilwird.

In ungeordneter Reihenfolge danke ich also vielmals:

Amnonn Hahn, der mit seinem Paraglider zwischen Mauerseglern fliegt und ein außergewöhnlicher, energischer und beseelter Fürsprecher der Mauersegler in Israel ist.

Professorin Susanne Åkesson von der Lunds Universitet, Schweden, deren Arbeit mit Geolokatoren und GPS-Sendern unser Verständnis von der Migration der Mauersegler grundlegend verändert hat.

Professor Andy Gosler von der Zoologischen Abteilung der University of Oxford, der mich in den Mauersegler-Turm des Universitätsmuseums geführt hat.

Ulrich Tigges, der mit seiner Leidenschaft für Mauersegler die Internationalen Mauersegler-Konferenzen und die Website commonswift.org, eine ausgezeichnete Informationsquelle, initiiert hat. Besonders dankbar bin ich ihm für die Diskussion der These, dass Brutkolonien mit bestimmten Territorien verbunden sind.

Dr. Nir Sapir von der Tierfluggruppe der Universität Haifa, der mir vorab Einblick in seine Forschungsergebnisse über die Migrationsrouten israelischer Mauersegler gewährte.

Lyndon Kearsley, dessen Mauersegler-Tracking in Belgien uns hilft, einige elementare Fragen zum Verhalten brütender Mauersegler zu beantworten.

Chris Mason, dem scharfsinnigen und visionären Beschützer der Mauersegler von Oxfordshire.

Professor Peter Thonemann für seine Aristoteles-Übersetzung und die freundliche, aber nachdrückliche Hinterfragung meiner Mutmaßungen über die Biologie der Mauersegler.

Dr. Chris Thouless, der mir mehr als jeder andere über die Zusammenhänge afrikanischer Ökosysteme beigebracht hat.

Mark McCullins, leitender Testpilot bei Airbus, der die Migrationsroute der Mauersegler von und nach Afrika Hunderte Male geflogen ist und den Himmel für mich mit Leben erfüllt hat.

Allen auf den Internationalen Mauersegler-Konferenzen. Ich habe so viel von euch gelernt.

Im Lauf der Jahre habe ich, während ich auf den Spuren der Mauersegler herumbummelte, die großartige Gastfreundschaft von Hunderten von Menschen in afrikanischen, asiatischen und europäischen Ländern genossen. Danke euch allen.

Viele Freundinnen und Freunde haben mein Verständnis von der Natur geformt, darunter David Abram, John Butler, Rachel Campbell-Johnston, Peter und Laura Carew, John und Margaret Cooper, James Crowden, Steve Ely, John und Nicki Fletcher, Mariam Motamedi Fraser, Jay Griffiths, David Haskell, Caspar Henderson, Ben Hill, Marie Hauge Jensen, Helen Jukes, Paul Kingsnorth, Andy Letcher, John Lister-Kaye, Iain McGilchrist, George Monbiot, Helen Mort, Nigel und Janet Phillips, Jill Purce, Colin Roberts, Karl Segnoe, Martin Shaw, Cosmo Sheldrake, Merlin Sheldrake, Rupert Sheldrake, Katherine Stathatou, Colin Tudge, Mark und Sue West, Ruth West und Derek Whiteley.

Überaus dankbar bin ich Adrian Cooper, Gracie Burnett, Jon Woolcott und Graham Shackleton vom Verlag Little Toller dafür, dass sie an dieses Buch geglaubt haben, und wie immer auch meiner brillanten Agentin und Freundin Jessica Woollard für ihre Inspiration, ihr Verständnis und all die harte Maloche.

Als ich Jonathan Pomroys Werke sah, wusste ich sofort, dass ich das Buch von ihm illustrieren lassen wollte. Er versteht die Bewegungen der Mauersegler besser als irgendjemand sonst. Jonathan hat zudem eine vorläufige Fassung des Manuskripts gelesen und mich in einigen wichtigen Aspekten der Mauersegler-Biologie korrigiert.

Ich habe in diesem Buch eingestanden, dass ich ein schlechtes Gewissen habe, weil ich den Mauerseglern Zeit geschenkt habe, die ich meiner wunderbaren, schwer geprüften Familie hätte widmen sollen. Mary, Tom, Jamie, Rachel und Jonny: Es tut mir leid, und ich bin euch sehr dankbar dafür, dass ihr es mit mir aushaltet.

C. F.
Oxford, 2021